你的态度，决定你人生的高度

郑和生◎主编

北京工艺美术出版社

图书在版编目（CIP）数据

你的态度，决定你人生的高度/郑和生主编. — 北京：北京工艺美术出版社，2017.6

（励志·坊）

ISBN 978-7-5140-1208-8

Ⅰ.①你… Ⅱ.①郑… Ⅲ.①人生哲学—通俗读物 Ⅳ.①B821-49

中国版本图书馆CIP数据核字（2017）第030010号

出 版 人：陈高潮

责任编辑：贾德江

封面设计：天下装帧设计

责任印制：宋朝晖

你的态度，决定你人生的高度

郑和生 主编

出　版	北京工艺美术出版社
发　行	北京美联京工图书有限公司
地　址	北京市朝阳区化工路甲18号 中国北京出版创意产业基地先导区
邮　编	100124
电　话	（010）84255105（总编室） （010）64283630（编辑室） （010）64280045（发　行）
传　真	（010）64280045/84255105
网　址	www.gmcbs.cn
经　销	全国新华书店
印　刷	三河市天润建兴印务有限公司
开　本	710毫米×1000毫米　1/16
印　张	18
版　次	2017年6月第1版
印　次	2017年6月第1次印刷
印　数	1～6000
书　号	ISBN 978-7-5140-1208-8
定　价	39.80元

目录

学会与自己相处

目录

正视人生的苦难

目录

远离你的坏情绪

目录

修好你人生的品

目录

我们需要有一点个性

学会与自己相处

这个时代不缺梦想，

真正缺的是，

被严肃对待的梦想。

每一个梦想都值得被认真对待——

起码你自己要认真对待。

亲爱的，

我们一起加油。

认真对待你的梦想

“那时我们有梦，关于文学，关于爱情，关于穿越世界的旅行。如今我们深夜饮酒，杯子碰到一起，都是梦破碎的声音。”

这是我之前很喜欢的一句话，暗含一种值得玩味的无奈。

越长大，越觉得，“梦想”是一个“幼稚”的词。小学的课堂里，老师问“你有什么梦想”，孩子们争先恐后地回答，“我要当老师”“我想成为一名科学家”“我要做宇航员”，面孔稚气而明亮。同样的问题，若是放到大学的课堂，得到的回应，恐怕只有满堂沉默吧。

不知从什么时候开始，我们慢慢地不敢说梦想，再后来，竟然不敢想梦想。

上个星期，我进行了一次职业生涯咨询。朋友问我有什么收获，其实没多少“实际”的收获，最大的收获是，我看清楚了自己想要什么。

我对咨询师说：“摆在我面前的有三条路，第一条路呢，很多人想走，但得到机会的人很少，而我有这样的机会；第二条路，会辛苦一点，不过成长也会更快；第三条路比较小众，但好几个前辈选了，他们看起来过得很光鲜。我该何去何从呢？”

咨询师问我：“你想走哪一条？”

我懵了：“我就是不知道自己该走哪一条，才来咨询的啊。”

咨询师说：“你刚才只是分析了眼前几条路的利弊，但没有提及你个人更喜欢哪一个，更倾向于哪一个。”

我想了想，发现这三条路，虽然是身边同侪的常规路径，但其实，哪一条都不是我所向往的。

——回首过去，我似乎一直在努力做那些大多数人看起来很厉害的事，但其实，那些不是我想要的啊。

咨询师又问我：“如果让你给职业生涯做个规划，你五年后想要做什么？十年后想要做什么？十五年后又想做什么？”

说真的，我不知道。

我努力地想象着，过了半天才唯唯诺诺地开口：“其实吧，我自己想做的事儿，挺可笑的……”

看着她鼓励的眼神，我才继续说下去：“我呢，现在在打理一个自己的公众号，写写文章什么的。我真正想做的事情根本不是在企业工作，而是走一些我想去的地方，和当地的人聊一聊，写下他们的故事，靠稿费和读者的打赏谋生。虽然真的很不切实际，但这算是我的梦想吧。”

咨询师没有打断我，我便开始了漫长的独白。

虽然在企业里，也同样是靠写东西赚钱，但是因为公司类型的限制，我的选题总是比较单一的，要写的内容也要根据公司需要来安排，总归不自由。况且，我觉得文字这种事情，审美是很多元的，你觉得喜欢的，上级可能觉得太冒进，每当要一而再再而三地改稿时，我会觉得心很累。我根本不知道上级到底要的是什么，还是说，他就只是想要我改到最后期限的那一刻为止？

而我喜欢的事情，是和不同的人交流。每个人的经历不同，对这个世界的看法就截然不同，我喜欢和不同的人聊天，不带评判性地去记录他们的观点，这对我的启发很大。

我之前做过一件事情，“一张照片换一个故事”，和陌生人聊天，用一张拍立得的照片，换一个故事。每一个寻常的过客，身上都承载着许多的故事。你可能和一个做社会企业的人聊完天后，产生了对奢侈品行业的思考；你可能和一个走过很多地方的背包客聊完天后，产生了对贫富悬殊问题的忧虑。

我很喜欢和陌生人聊天，因为我自己的经历是有限的，而和一百个人聊过后，我就有机会体验一百种不同的人生。

所以，如果不考虑任何外界因素，我最想做的，是四处走走，和不同的人聊聊天，靠写字养活自己。

“哈哈，是不是很扯？我还从来没有跟任何人说过这些想法。是你问了，我才敢坦诚地说出来——也是随口一说啦，太不切实际了。要是把这些想法告诉我爸妈，他们一定以为我疯了。”自白后，我替自己圆场，试图把自己从一个理想主义者“洗白”成一个靠谱的现实主义者。

在这个时代，谁会把“作家”当一份正经职业？靠写字赚钱，没有稳定收入，没有合同，没有保险，这太不稳定了，说出去肯定会被别人笑话的。

可是，咨询师很真诚地看着我说：“我一点也没觉得你的想法很不切实际，我觉得这才是你内心真正的想法。”

被她这么一说，我才猛然意识到，之前的我，一直在否定自己的梦想，甚至嘲笑自己的梦想。我声称自己有梦想，其实心里坚信的是，它一定不可能被实现的。

有句话说，这是一个什么都缺、唯独不缺梦想的年代。“梦想”一词，似乎已经很廉价了。你跟别人说梦想，别人只觉得你幼稚、天真，只有你摆出一副端正麻木的大人面孔，不再做不切实际的梦，别人才觉得你成熟、靠谱。

在这样的大环境下，我一边偷偷怀揣梦想，一边又自嘲它是痴人说梦，好像这就能显得自己很成熟似的。

可是，连我自己都看不起自己的梦想，又谈何实现呢？

为了让我相信，我的想法并不是不切实际的，咨询师跟我讲了两件真人真事。

一个是她大学里的舍友S。当年，她们从经济专业毕业，S在某个乡镇做干部，就这么工作到了三十岁，S却一直觉得，她喜欢文学，她还想读书。于是在三十岁的那一年，S居然辞掉了稳定的工作，去了Z大读中文系的研究生。

另一个是她的朋友L。L在高校当老师，她是个发烧级“驴友”，以往每个寒暑假，她都把所有时间拿来全国各地跑，她甚至徒步去过墨脱。2009年的时候，她三十多岁，辞职，去了很多地方，成为专栏作家，写了好几本游记。

真好啊。

我听了后，一方面觉得很羡慕、很鼓舞——既然他们能认真地去实现自己的梦想，我为什么不能呢？另一方面，我又觉得担忧：“她们这样做，家里人会同意吗？”

咨询师说：“做出一个选择，就意味着要承担相应的后果。这也包括外界的压力。”

这一小时的谈话，我收获了不少。

正是因为开玩笑式地把理想说了出来，我才猛然意识到：原来我内心真实的想法是这样！

我审慎地想了很久，觉得我承担得起外界的压力。那么，接下来该做的，就是为它而努力吧。

要不要把这些心路历程发出来，我也斟酌了很久。

有人说，梦想总是不能说出来的，因为有一种说法是，梦想一旦被说出来后，就很可能成为“嘴上说说”而已，很难成真了。

那些缄口沉默的人，有一部分，确实是在默默努力着实现梦想；可是，还有一部分呢，是害怕说出来后没能实现，太丢人，因此不敢公开做出承诺。

后者把梦想埋在心里，渐渐地开始偷懒，自我放弃，还侥幸地想：“哎，反正也没人知道，我默默把它忘了好啦。”

所以，我还是公开地写下了这篇文章。我想成为一个靠写字谋生的人，我会为之努力，我愿意承担一切可能的后果。我可能会失败，但我一定会做出最大努力。

——你呢？你的梦想是什么？

是成为一名优秀的同声传译，是成为匡扶正义的律师，是去苏黎世大学读研究生，还是成为尝遍天下美味的美食家？……

我真诚地希望，你也能看一看自己的内心：你真正喜欢的，真正想做的，究竟是什么？

这世上大多数人，都在盲目地走大多数人在走或者大多数人想走的路。到头来，却发现，他们得到的，其实不是自己想要的。

前几天，一位我很欣赏的朋友转发了我的文章，写下了这样一段话评价我：对梦想的追求，什么时候都不算早、不算迟，不必非等到一个确定的时间、确定的地点。

能给她带来一点感触，我也真的很荣幸。

其实，梦想本身并不遥远，梦想本身，并不可笑。真正可笑的是我们——很多时候，是我们自己摇着头说着不可能，在萌芽时期就扼杀了自己的梦想；是我们自己嘲笑着、否定着、践踏着自己的梦想，却以为这是“长大了”“成熟了”的表现。

我想，这个时代不缺梦想，真正缺的是，被严肃对待的梦想。

每一个梦想都值得被认真对待——起码你自己要认真对待。

亲爱的，我们一起加油。

不管成绩如何，先努力试试看

他问：“我也想写字，该往哪里投稿？”

我答：“你如果刚刚开始，还是要多练笔，多读书，投稿可以缓一缓，有许多机会。”

他说：“如果不能发表的话，写了还有什么意义？”

我无言以对。

大部分自称喜欢写字的人，都停留在“称”，而“写”的部分却很少。

不多写、多练，投稿也多是失败，更容易放弃，所以……为什么不先去努力把事情做好，再看结果如何呢？

他带着不满走了，我明白他的言外之意：你现在出书、写稿顺风顺水，肯定不理解我的郁闷。

她问：“我成绩不理想，总是想努力，可总不行，心里着急，怎么办？”

我答：“我也只能是劝你继续努力，学习这件事任何人都替不了你，除了你努力，没有别的办法。”

她说：“可是真的好难啊。我觉得自己很努力了，但不见成绩，所以很灰心。”

我不知道该说什么。

我是理科学渣，高中150分的数学题只考49分，你比我还不如？！

我能做的就是，利用所有时间补课，从基础开始补，一点点地赶，考试做不出最难的那道题，但至少我可以把基础分拿到手。坚持半年，成绩也只是刚及格而已；但再坚持半年、一年，高考时数学没有拖后腿，几乎是我整个高中三年最好的一次成绩，心满意足。

她是带着满腹狐疑走开的，大概励志鸡汤听太多，总觉得不那么可信。

唉，本来就是，看上去别人的路总是好走一点，鲜花满地，而自己呢？则总是荆棘丛生。

他问：“我非常不喜欢现在的工作，但是我喜欢的行业又进不去，很迷茫，很没劲。”

我答：“有没有可能先赚钱糊口，业余来发展兴趣爱好，掌握技能，时机成熟，你就可以跳进喜欢的行业啊！”

他说：“哪有说起来那么简单？要花钱，还得有时间，我现在就很忙很累很辛苦……”

我沉默。

我认识的很多人，都能证明他的牢骚满腹根本没有一点用处，哪怕用一点力量去改变现状都会有收获。

我先生学机械的，后来靠上培训课程和读书自学，从事了自己喜欢的IT，而时间都是挤出来的；

朋友zhaozhao，学中文的，做编辑多年，这几年对中医感兴趣，花钱、花时间去学中医；

还有拍档小怕，公司白领，私下从未放弃钟爱的摄影和设计工作，没学过相关专业，同样能做出令人叫好的设计。

但他觉得我说的这些，都是“成功者”，离他太远了，他是一个很普通的人，所以，寸步难行。

呵，我讲的哪一个人，又不是普通人呢？

他们和你之间，只差一个“努力”而已。

奇怪的是，好多人不相信“努力的力量”。

他们总觉得，那是骗人的鸡汤，是催眠的药片，是一些人给另外一些人灌的迷魂汤。

他们睁开眼睛，觉得自己的生活就是惨白的：出身平凡的家庭，平淡无奇的成长经历，没什么天资美貌，也没什么技术特长，跟同样平凡的人恋爱结婚生子，在一份工作里萧条地过一生……啊，好悲惨，我的人生无望！

可是，除却特别悲催的人，我不相信一个人靠努力不能换来一点改变命运的机会，不能靠勤奋为争取多一点资源。

前几天，看表弟发小视频，热热闹闹的农村大集上，人们在挑挑拣拣买东西。觉得亲切又感动。

表弟小我几岁，早年家里经济条件好，他又是独生子，自然养尊处优。

后来，家里种果园辛苦又忙碌，他当兵经历了些磨炼，渐渐成了吃苦肯干的人。娶妻，生子，在城里买了房子，也像别人一样去上班，日子勉强还好，总是觉得紧巴巴，比上不足，比下有余。

很多二十多岁的人也是这样过的，背着房贷，养着妻儿，担子很重，压力很大，满面愁容地负重前行，只要安稳就行，大家不都是这样一辈子吗？

表弟并不想这样。他不怕吃苦，一直在找机会，后来开始贩卖蔬菜，开大车跑长途，很累但赚得多，心情也舒畅。

我们一起吃饭，我听他说凌晨时开车在路上，听他说去收蔬菜的情景，听他的满足与自豪，非常敬佩与欣慰。真的。

不要总是抱怨时运不济，也不要总觉得努力没有回报。

在你看到成绩和收获之前你就先缴械投降，你自然无法啜饮胜利的甘美。

我相信努力会成为一种习惯。而这种习惯，会让你受益终生。

当你做一件事，第一次失败时，你鼓励自己再来一次；当你想要达到一个成绩，第一次没有达到时，你给自己加油：再来一次！

当你想实现一个目标，却发现路途遥远、举步维艰的时候，你在心里给自己不停地鼓劲：我要努力，不然永远都没有成功的可能。

你会发现，一点点小成绩，都可能让你满心欢喜；而越来越多的小成绩，就会改变你的生活，实现你的梦想，达成的你愿望。

在《为自己加冕》刚开始做的时候，我就提及过，豆豆在练颠球时，最开始总是因为次数太少而心灰意冷，恼羞成怒，我会鼓励他，不停练习，不断努力。最开始三两个，后来是五六个，再后来慢慢增多，现在经常是二三十个。

最开始的紧张、压力和烦躁消失不见，取而代之的是笃定与自信，偶尔一次做不好也不再气馁地扔下球拍，而是弯腰捡球，非常淡定地再来一次。

因为在过程中，他渐渐看到了努力的力量，也体验到了努力的乐趣——只要我不放弃，只要我肯努力，我就能进步，慢一点，也没关系。

重要的是，一直在进步。

努力这件事，会成为身心的一部分，成为一种习惯，让你在做任何事时，都条件反射：咦，我努力试试看呗！

一个习惯偷懒和放弃的人，遇事的习惯性想法是“啊，好麻烦，好难，还是算了吧，我不行”；

一个习惯努力和勤奋的人，则完全不同，他会想：“是有点难，我努力试试看啊，总是会有用吧。”

努力不一定成功，但是一定会有收获。即便最后失败，这个过程中，你也能汲取到营养。

譬如，哪怕你最后投稿失败，你在之前的那几千几万字习笔文字，也一定不会辜负你，你的最后一篇文章，一定写得比第一篇好很多。

不信试试看咯。

独处的时光会说话

[1]

我有一个朋友，特别“黏人”。她是一个特别害怕孤独的人，难以独处。她黏人没什么讲究，简单而纯粹，就是需要陪伴。

有一次，她老公出差，简直快要了她的命。那段时间，她憔悴了好多，所有的生活节奏都被打乱了。

出差前，她老公说大约要离开一周。一周的时间很快过去了，项目进展不够理想，她老公预计要再多停留一个礼拜。她每天给老公打电话发牢骚。晚上，她一个人难以入眠，全靠刷朋友圈和追剧消磨时光。直到累得睁不开眼，才能昏昏沉沉地睡去。

一转眼，又一个礼拜过去了。她老公无奈地说，全组的人员都困在这个项目里，归期变得难以确定。她在电话里各种哭诉。

后来，她实在难以忍受一个人的孤独，给老公的带队领导打了个电话。她痛诉这次出差给家属带来的困扰，以及自己对老公的思念。她身在异乡，和老公相依为命，却忍受了这么久的分离之苦。

带队领导是一位年长的男士，很理解她和老公新婚的小别之苦。于是，她老公被提前“解放”了。她老公回来那天，她在朋友圈欢天喜地地广而告之，犹如获得了重生一般。

她不仅黏老公，还黏朋友，甚至黏同事。在她的日常生活中，你很难看见她孤身一人的时候。工作日的午餐，她没办法一个人吃。晚上老公有应酬时，她一定要找朋友，一起热闹。她经常可怜兮兮地跟朋友说："想到要一个人吃快餐，我就觉得特别凄楚可怜。"

所以，她的人生几乎没有留白，每个时刻都被人群填满。她的独处就是她的人生态度，她的人生依附在别人身上，依附在各种"热闹"中。

[2]

其实，怕孤独的人，不在少数。一个人的时光，总是显得很寂寥。时针的滴答声会异常刺耳。太阳东升西落，每一寸光芒的挪动都让人不知所措。

所以，对很多人来说，若躲不开独处，则更习惯找点乐子，随意消遣下。刷一遍朋友圈，大约一个小时的时间；看一部空洞的电影，两个小时的时间轻松跳过。

一定会有人说，生活不就是一群人的声色犬马吗？一个人的孤独，是多么的凄凉。但是，一个人如不能独处，则不能成长。你独处的时光，藏着你的人生态度。

荒草杂生的独处时光，是一个人的萎靡不振和不负责任。对自己人生负责的人，是不会允许时间只是变成时钟上的走针，这一圈和走过的上一圈并无不同。

我的身边有不懂得独处的人，也同样有珍视自己独处时光的人。她们把一个人的时光也过得绚丽多彩。

我的另一个朋友，每个周末的时间都安排得妥当饱满。看书、学插花、练瑜伽等，她每一样聊起来都津津乐道。要是跟她约会，你得提前预约。

很多时候，我们也习惯了被她拒绝。她不会找很多冠冕堂皇的理由，她从来都是直截了当："不好意思，手边有本书还没看完。""这个周末不行，要练瑜伽。"这样要求独处的理由，更能被我们接受且称赞。

我们常常夸她自律自持，懂生活。她笑着说这真不算什么，她的高中老师才是独处的典范。她正是被老师的人生态度所影响。

[3]

她的高中数学老师今年刚退休，至今未婚嫁。可能是太优秀了，没有异性入得了她的法眼。老师退休前的生活在外人看来枯燥又孤独。她工作时间教书育人，业余时间钻研难题、研究教学。

老师今年退休之后，她的朋友圈每次更新，都能让大家沸腾。五十多岁的人了，她开始孤身一人周游世界。

她穿着大红色的登山服，在山顶上，笑颜如花，迎风招展。她穿着飘逸的长裙，在沙滩上，眯起双眼，扬起脸，连皱纹里都泛着笑意。

前几天，她的朋友圈又更新了。她去了奥地利小镇。我朋友惊喜地在群里说："快看快看，我的老师去了我梦中的小镇。"她仿若置身画中，身后是梦幻般的美景。

她每次去到不同的国家，都会用当地的语言给自己的图片配文。她总是能给她的学生们惊喜。她独处时，一定花了很多精力去丰富自己。

很多人会错误地认为，作为一个潇洒的背包客，独处的时光自然是精彩的。然而，如果不是真正热爱独处时光，一个人的旅行其实是寂寞难挨。这只不过是一个起点和另外一个起点的单调衔接。各种旅行照片中的自己，也只不过是一个个麻木又疲惫的表情再现。只有真正热爱生活，享受独处，那些时光才会变得五光十色。

那位老师，她脸上快乐的表情，是伪装不来的，那不是面对镜头时强挤出来的愉悦。她独处的每一分一秒，都在告诉别人，每寸光阴是如何被锻造得熠熠生辉。

[4]

所以，独处的时光会说话，透露的正是你人生的态度和各种秘密。

荒废独处时光的人，做事容易虎头蛇尾，最终一事无成。独处时情绪颓废的人，容易陷进各种自怨自艾中，无法自拔。

独处时光饱满且有弹性的人，他们的工作和生活也往往更有张力。擅于在独处中培养自己价值的人，往往掌握了成长和成功的秘密。

周国平先生关于独处，有自己的一套经典理论："我喜欢独处，不去掺和社会上的'热闹'，有了观察和思考的距离反而更有东西可写。"他的思考和写作热情正是靠独处才得以保持，独处成就了他。

懂得利用独处时光的人，往往更容易有所收获，因为很多东西都需要靠独处去成就。读书和运动，这些永恒的增值方式，都是在独处中成为一个人前进的阶梯和捷径。独处就好似人生的留白。懂得给人生留白的人，他的人生画幅上不会因为过于拥挤而显得不堪，却会因从容不迫而显得游刃有余。

那些珍视自己人生的人，从不缺少有价值的独处时光。

别吝啬对自己的任何一种付出

人们常说，你的气质里藏着你读过的书，爱过的人，走过的路。然而，叔觉得其实你买过的东西里藏着你的气质，此处所说的“买过的东西”不仅是指你买到的吃穿，更是指你对自己的投资、花费的时间和精力。

[1]

曾经，我有一款香奈儿的包，真货。但我只背过一次，便将这只包永远地锁在了柜子里。

我很少提起这款包，别人都用奢侈品来标榜身价，但那款包，将我钉在了耻辱柱上。

那是三年前了，我刚毕业走上工作岗位，男友从国外回来，送了这款包做礼物。二十出头的年纪，虚荣心隐隐作祟，我在第二天便背了那款包上班去。

一整天，我都摩挲着包包，期待别人开口说：“哟，不错啊，大牌啊。”

我等了一个上午，中午吃便餐的时候，坐在我对面的女孩终于说了我期待的那句话：“哟，不错啊，大牌啊。”我特别兴奋，准备向她大讲特讲这款包的N种好处，以及包包后面罗曼蒂克的故事。

她来了下一句：“哪里淘来的A货，看起来挺有质感，介绍给我呗。”

我一下子就愣了，嗫嚅地说：“这款包是真的。”

她笑了，反复摸了几下我的包，又看了看我："别扯了，看你平常的样子，怎么可能花钱买这么好的包。"

有几个女同事路过，扫了一眼我的包，又扫了一眼我，连连摇头，她们和我对面的女孩一样，认为我根本配不上这样的奢侈品。

这件事对我打击很大，我并不讨厌那些低看我的人，事实上，我在那一天认真地审视了自己，然后可悲地发现，我自己都瞧不上我自己。

[2]

从前的我是什么样呢？什么都嫌贵。

同事A给我推荐一款非常好的护肤品，我说算了吧，太贵了，还不如多买几斤水果吃呢，又健康又省钱，不知道多好。

她无奈地笑了笑："女人还是要对自己好一点，别老想着省钱，有些钱真的不能省。"

和闺蜜一起去泰国，海边玩了一天，又累又晒，她们要去做SPA，约了我一起，我一听说价格，便连连摇头。

她们劝我："出来玩，本来就是消费啊，想做什么就做，想买什么就买，费心思省钱，还不如费心思挣钱呢。"

你看，这就是从前的我。什么都嫌贵，特别怕花钱。

那时候我很穷吗？并不，还没有穷到什么都买不起，什么都用不起的地步，但我就是不舍得投资自己。买好衣服嫌贵，吃好东西嫌贵，去好地方嫌贵，终于我用一件又一件廉价的物质撑起了自己廉价的灵魂。

结果你们看到了，我什么都嫌贵，就我自己最便宜，别人提起我觉得我只配便宜货。

对啊，连自己都不敢爱的女人，怎么会配得起奢侈品。

你买过的东西，藏着你的气质。千万不要让自己越过越廉价，连买一只包，都被人当成假货。

我并非主张越贵越好，但作为上得了厅堂、下得了厨房、挣得了人民币的女人，你要对得起自己，这很必要。至少，你买得起香奈儿，就要有配得上香奈儿的气质。

好的生活体系，绝佳的品位，都是从投资开始的。一个用着“lamer”眼霜的姑娘和一个买瓶大宝都嫌费钱的姑娘，走在人群里，气质立见高下。

记住：你什么都嫌贵，自己就给自己降了格，你把所有奢侈品看得稀松平常，你就会活得像个奢侈品。

[3]

美貌最怕时间摧枯拉朽，气质最需时间沉淀。

一件便宜货也许拉不开两个女人的距离，但时间，总会慢慢证明、检验女人的质量，当你一直便宜下去，你可能就真的贵不起来了。

高贵的灵魂，需要用好东西来填充。不光是衣服、包包、口红，最重要的是，你要学会经营自己，不要年纪轻轻就把自己扔在闲散的时光里，一天天下来就靠聊天、喝酒、谈恋爱消磨自己。

消磨着，慢慢地，你就变得再也提不起劲来，你的视野变窄，你的阅历搁浅，你以为你看到的天空已经很远，你不知道，你的天空只是别人的一扇天窗。

真正贵极的女孩子，会在物质上满足自己，更会在灵魂上按摩自己，这是我理解的女人的投资。

你一定看到过一些女孩子，她静静地往那里一站，你就觉得你已经遍阅了唐诗宋词，她的身上散发着浓浓的书卷气息，那样美，那样沉淀。

但你不知道，在你看到她之前，她读了多少书。她现在看起来那么好，是因为当初她把自己当成唐诗宋词一样来经营，这就是“贵”的态度，这样的女孩子，即使没有物质傍身，你也不会觉得她便宜。

我还认识一个人，三十多岁了，仍然脸蛋精致、身材窈窕，散发出浓郁的少女气息。见过她的人都有一个印象：这姑娘一定很有钱。

她通身散发出高贵的气质，但她并非有钱人，满大街都是挣几千块钱的人，她也是其中之一。我有问过她是怎么保养自己的，她坦言自己从大学就开始坚持健身，每周有固定的瑜伽和游泳课，休产假的时候，还利用了6个月的时间，在网上学习插画和手绘。

我感慨那一定很费时间和精力吧。

她说，你不舍得对自己费时间，就别怪时间摧残你。花时间打磨自己，是她永不泯然众人的利器。

对，我想说的就是，所有你看到的美好和你喜欢的“贵”，都是经营出来的。重要的不是花钱或时间，而是自信的建立。

如果买一堆奢侈品能让你变得自信，那你就买；如果读一百本书，能让你变得从容，那你就读；如果踏遍青山，能让你变得铿锵，那你就去。

这就是我所谓“贵”的态度，对，别吝啬对自己的任何一种付出。

早晚有一天，当你真的“贵”起来，你会明白，一个女孩子见过的最大世面，不是钱，不是男人，而是有能力把自己变得那么好。

快乐从来与拥有多少无关

[1]

二十九岁那年我打定主意，要过上真正少女般无忧无虑的日子，但显然，这一点觉悟来得太迟了。还有一年就要迈入三十岁，也就是说正式开始变老，虽然这个界定没有理性基础，但仍然令我惶惶不安。我举目四顾，发现周围的人似乎都过得比我开心，哪怕是一些“条件”不如我的人都如此。这一个发现令我愈加忧心忡忡，同时感到愤愤不平。

凭什么呀？其实我并不差！但我自己也知道，这个“不差”的结论其实得出颇为勉强。事实上，不管论身高、外貌、学历、才华还是挣钱的多少，我的水准都处在人群的中下游。每当仔细思考我自己在世界上的位置，就会想起中学时学习社会金字塔结构时那悲伤的注释：我们大部分人都生活在离地面只有一厘米的最底层。

[2]

当我觉得心情特别不好的时候，我会约朋友W出来聊天。因为她过得比我更糟糕。我认识她十年，其中八年她是一个生意人的情妇。最近两年倒不是了，因为那人离婚了，他们已经正式地住在了一起。

但是，如果你认为W有男朋友而我没有，我在她面前就会抬不起头，那就错了！那个生意人现在拖着不肯跟W结婚。他付出巨大的代价离了婚之后，发现自己爱的好像不是W，而是爱情的感觉本身，也就是说他想再玩下去——这一点，我想W应该是心知肚明的，但她目前绝对不会承认。

最近这段时间，我和W聊天的内容是关于Y，因为她的情况比我们俩的情况更糟糕。Y的老公是一个惯性劈腿狂人，在婚前三天、婚后六个月、Y怀孕期间、Y生完孩子以后，出轨出得毫不厌倦。Y却始终没有跟他离婚。“她说她舍不得孩子。”我叹口气。

“其实如果不结婚，她的生活会好得多，你说呢？”W小心翼翼地丢出一句。

“当然了。”我一边赞同，一边想到，W这句话其实是在给自己留后手。

离开咖啡馆的时候我们都觉得心情比进去时好了一些。但是晚上回到家里，我感觉还是很糟糕。因为我看到一个帖子，“是什么让一个硕士毕业的党员去白云观磕头磕到两眼发黑”，原来是一个MM为了买房历尽周折，最后为了能赶在“国五条”细则出来之前过户，不得不搞起了封建迷信那一套。

虽然她很惨，但跟她帖子的人只有一片羡慕声。因为她有房了呀！而且还（不管怎么说）赶在“国五条”之前过到了户。虽然她因为自己的决策失误多花了钱，懊恼得觉都睡不着。

上床睡觉之前，我忽然有所感悟：比惨游戏的氛围不可能让你真的获得满足。只要是跟人比，永远会觉得不平。

至少和大多数人比起来，我的睡眠还算不错。

眼前发黑的时候，我这么对自己说。

[3]

然而就在我决心以意志力中止攀比心理的关键时刻，另一件事让我的生活更加跌入了低谷。

W叫我陪她去试婚纱。

也就是说她男朋友终于向她求婚了。

试婚纱那天，W的男朋友没有出现。“他最近太忙了。”W说，“再说我也想给他一个惊喜。”

为了不让惊喜变成惊吓，我坐在一间高档婚纱店的试装间里，看着W穿着各式各样的婚纱在我眼前打转。

淑女的、性感的、前卫的、简洁的、奢华的、镶水钻的、镶珍珠的。

我认识了W十年，她从未像这天这样神采飞扬，美貌得让我嫉妒。

婚纱店的小姐也看出来了！这位女士，具有一定的品位和生活水准，而且不知出于什么原因，决意在婚纱这东西上大花一笔。她不停地重复着：“一生只有一次的事情！一定要完美！您看看这套，是不是和戴安娜世纪婚礼时穿的一身很像？”

当W试到第二十套，我终于受不了了，不得不发了条短信给Y，让她给我打个电话。

“我现在不在公司……什么，必须马上去印刷厂一趟吗？”我在电话里装腔作势地喊道，同时对W做了个抱歉的手势。

[4]

从婚纱店跑了出来，我也不想再回去上班。

虽然要处理的事情已经堆满了半张桌子，但请假毕竟是已经请了。

而且，天气还不错！PM2.5好像被一只巨大的天空吸尘器吸走了，天空泛出宫崎骏动画片里一样的淡蓝。去咖啡馆！我对自己这样说。

那是我最喜欢的一家咖啡馆。不过说实话，里面的咖啡并不好喝，只是便宜罢了。店里自制的饼干虽然味道还不错，但硬度则曾经崩坏我刚刚修补好的牙齿。

可是，独自坐在这里面的下午，却是我人生中少有的、真正无忧无虑的时刻。

我说的是，“独自”。但是，这一天，偏偏有人坐到了我的对面。

“你好。”

我看他一眼——不认识。

“不记得我了吗？”对方笑态可掬地问道。

“请问你是？”

“我们见过，你忘了？”

见我的确困惑的眼神，他伸出手，对着自己的脑门来了一下。

“哦……不好意思我还是想不起来。”

他嗤嗤地笑了。

“两年前，一个聚会上，有人撞到了玻璃墙上。”

这么说我好像是有点印象。

“是你撞到了？”

“No No No.”男人叠声否认，这一串终于泄露了他的身份：他的中文说得比英语好。

我也忽然想起了他来——日本人说英语总是怪怪的！

他是那个给撞到墙的伤者做急救的日本人。

[5]

“当时你有男朋友。”

“你也有女朋友。”

谈话这样展开，总带有点惆怅的味道，因为我们现在——什么都没有。

什么都没有，而且老了五岁。

日本人——他叫渡边，说他刚从阿富汗回来。居然去了阿富汗，可见是个资深背包客。他说，在那边曾经遇到一个女孩，他心动之下就求了婚，但是被拒绝。因为女孩说，旅行结束了，她要回到自己的家乡北欧去。

“你呢，不想回到自己的家乡吗？”

他摇摇头：“不想——你呢？”

我咬着吸管，仔细地思考了一番：“我也不想。”

到底家乡有什么不好的呢？没有什么不好的，事实上，家乡很美。可是，在外面飘荡久了的人就很难再回去……虽然待在异乡很寂寞，可是，回到家乡，却愈发感觉寂寞得难以忍受。

“一起吃晚饭吗？”

“为什么？”

“为逝去的青春，为所有失去的东西。”

“这个理由不够好。”

“为了还能在这里遇见。”

“让我想想……”

这时候，电话响了起来。

办公室的电话：“现在马上去趟印刷厂。这期封面出了问题，大事！”

在我起身之前，他拿出了手机：“给我你的号码。”

“给我你的，我打给你。”

“不行。”他坚持道。

我把号码写在了餐巾纸上。

[6]

从印刷厂回来已经半夜十一点了。

拿出手机的时候才看到W给我打了20通未接电话。

我回拨过去。

“婚纱买好了吗？”在内心深处，我忽然为自己到底是没对她撒谎而感到庆幸。我忽然发现，其实我希望她能过得好一点——即使比我好，那也无所谓。

W在电话那头久久地沉默着。

忽然，她“哇”地一声哭了。

“我和他分手了。”

“分手？”

“昨天分手的。他说不想跟我结婚。所以我才去试婚纱。太不甘心了，就想看看自己穿婚纱的样子。”

那就是说最终也没买咯？我满怀同情地想起婚纱店店员的脸。

W的哭声持续了半个小时。在这半个小时里，她什么也没说，就一直用不同的节奏、不同的音高，循环往复地哭着。我认识了她十年，是第一次见她这样哭，但奇怪的是，我并不觉得她有多么悲伤……她只是将那些早就应该释放的眼泪释放了而已。

所以我也没说什么安慰的话。W哭完以后，抽噎了几声，似乎想说点什么，但终究没有说。

“早点睡啊。”

“嗯。”

她挂掉了电话。

渡边的电话马上就打了进来。

“刚才你的电话一直占线。”他似乎有点紧张，“我还以为……”

“我没有故意不接你电话。”我疲倦地说，也懒得修饰话里意思，“但现在不能吃晚饭了吧？”

“为什么不能？你家有厨房吗？”

“有。”

“电磁炉呢？”

“没有……你想干什么？”

[7]

半个小时以后他上了门，带着吃火锅的全套用料。

拎来了电磁炉，还有他自己的拖鞋。

“我只是忽然想吃火锅了而已。”他说。与此同时，将圆葱、魔芋丝、金针菇、香菇、烧豆腐、春菊、牛肉片一股脑地倒进了锅里。“你有鸡蛋吗？”他问我。我从冰箱里摸出了最后两个。忽然想要责备他几句，但又真的不知道跟他说什么好。

“哎，你多大，今年？”

“三十三岁。”他有些困惑，“为什么问这个？”

“三十三岁，没有车，没有房，没有女朋友，没有正式工作，成天在我们‘第三世界’晃着，你不觉得亏心吗？”

“不觉得。”他摇了摇头，“在这样的晚上，能一起吃火锅，不感到幸福吗？”

幸福吗？我困惑地从锅中夹起来一块豆腐。豆腐煮了很久，咬开的时候喷射出一股滚烫的汁液，将我的上颚烫得瞬间麻木。

这是幸福的感觉吗？我愣住了。麻木散去之后，疼痛的感觉满溢出来，并飞快地从上颚传导到眼睛。在我发现自己哭了之前，我已经哭了好几分钟了，而他则目瞪口呆地看着我，眼光对上的那一刻，我们忽然都明白：

事情到了这个地步，除了滚一次床单，我们没有别的方式可以体面地收场了。

[8]

我醒来的时候，他已经在厨房里忙活。昨晚的火锅气味充斥着鼻端。“我用火锅汤煮了点面，昨晚都没怎么吃。”他说。

应该怎样解释这件事呢？我们沉默地吃着面条。据说日本人吃面条的时候，为了礼貌也要发出吸啦吸啦的声音——但他并没有。

“你吃面没有声音。”

“在有的地方，吃面出声音，可能会被枪杀呢。”

“真的？！”

“骗你的。”

又是一阵沉默。一起睡了一觉，又一起吃早餐，这代表什么呢……也许什么都不代表。

“我明天要去巴西……”他说，“机票已经订好了，去参加狂欢节。”

说这话的时候，他紧张地看着我。

“回来我会打你电话……你不会换号码吧？嗯？”

[9]

吃完面条浑身暖暖的。早餐吃到这么好吃的面条，是很久以前的事了。所以，能吃到好吃的火锅毕竟是件幸福的事——不管这幸福来得有多晚，也不管它是多么稍纵即逝。

我和他一起下楼，一起走到街上。我要上班，而他要奔向另一个快乐的地方。他还会回来吗？我的心里忽然被一阵慌张填满，这种情形下我只能说：“你不要有什么负担。”

“什么意思？”

“不要为了照顾我的感受就打电话来。或者别的什么。”慌张的感觉却越来越强烈，“我没关系，或者你这么想吧——这是另一段伟大友谊的开端。”

他笑了：“卡萨布兰卡。”

“你知道这部电影！”

“这是我最喜欢的电影。”不知为何，他好像如释重负。

“再见了。”他对我笑道，“你想得真多，是不是？”

他笑起来的模样很帅气，几乎不像个三十三岁的人。他曾走过了世界上的很多地方，并且仍将这样一身轻松地走下去……他的肩膀潇洒，背脊挺得笔直。看着他离去的背影，我的心里莫名涌起一阵暖流。

手机响了起来，W发来一条短信：“我觉得，这样的结果是件好事，你说呢？”

我回过去一条：“是啊。”

想了想，又回过去一条：你还会遇到更好的人，不是吗？

身旁的车流响着喇叭，世界嘈杂得跟往常一样。

“喂，我说你！”他在十几米外的地方忽然又转过了身。

“不要换号码！”他大声向我喊道。在城市的中心，这喊声显得格外清晰。

“不会！”我也大声地喊回去。

请活出你人生的优雅

今年在一个公司实习的时候，遇见了一个让我充满好奇的女人。公司是开放式的办公环境，每天早晨有人定时打扫。打扫的过程其实要花费很长时间，因为除了扫地、擦地，还需要给每个办公桌旁边的垃圾筐换上新的塑料袋。坦白讲，这份保洁工作不算轻松、干净，薪酬也未必很理想。

上班的第一天，我去得格外早，就在我认真地研究着电脑中一堆乱七八糟文件的时候，听见桌子旁边传来簌簌的塑料袋的摩擦声。扭头去看，发现一个三十多岁的姐姐正蹲在那儿给垃圾筐换垃圾袋。当时的我非常不好意思，匆忙起身想帮她，她却摆手笑着说："没事，你忙你的。"直到看着她将附近的所有垃圾筐都收拾干净后，我才忽然意识到，原来她就是公司的保洁员。

我之所以这么惊讶，是因为这位姐姐和我印象中的保洁员差十万八千里。并不是我对保洁员的工作有什么偏见，相反我觉得这份工作非常辛苦也非常值得尊重，毕竟干净整洁的办公环境才是安心工作的最起码条件。但是，在我这二十多年的人生中，我从来没有见过一个保洁员如她这般优雅。

你见过哪位保洁员穿细细的高跟鞋擦地吗？你见过哪位保洁员闲暇时会坐在那儿安静地看书吗？你见过哪位保洁员自带便当都会摆盘的吗？反正我是第一次见。自从我开始注意她，便习惯性地观察她的言谈举止。她喜欢穿一件黑色的裹臀连衣裙配一双黑色高跟鞋，头发总是散开却一点也不凌乱。早晨是她最忙的时候，待一切忙完，便会坐在前台边上的一个小桌子边看看书、喝喝茶。有时候也会和前台的姑娘聊聊天。时间久了，我都记住了她的杯子——一只骨瓷雕花的咖啡杯，如她人一般优雅。

念书的时候，无数次在传播学的课堂上讨论着什么是“刻板印象”，却没想，自己果然还是一个俗人，逃不了目光的狭隘。却也被这位姐姐的优雅深深震撼，免不了反省自己的无知与幼稚。活得漂亮很容易，但为自己活得漂亮却很难。

每天早晨挤地铁，你可以看到大把大把的年轻姑娘，穿着漂亮的衣服，画着精致的妆容，张口闭口是英文名字，宁可吃六个月的泡面也要买一个名牌的包包。她们很美，也很不容易，但是这种美丽是被逼出来的。就像一个做时尚类工作的朋友曾和我抱怨，公司的姑娘一个比一个妖娆，我迫不得已只好花钱去报了一个化妆课。我们普通人很容易被环境所影响，并理智地选择最符合大众肯定的方案。有点像变色龙，环境是什么颜色，我们就变成什么颜色。但我们的变化未必出自于本心，也许只是因为，别人都这样。

但公司里面的那个保洁员姐姐的优雅，却从来不是因为别人。公司虽然人多，但几乎都在各忙各的，相互之间很少说话，也必然没有时间和心情去观察一个保洁员穿了什么、做了什么。但她似乎从来不介意是否有人注意她，只安静地做着自己该做的工作。我也会想，穿着裙子和高跟鞋擦地真的舒服吗？如果是我，必然穿上肥肥大大的深蓝色工作服，再配一双平底拖鞋。转念一想，自己果然又俗了。舒服不舒服又何妨？关键是在平庸的生活中，你是否愿意为自己活得更漂亮一点？

这个世界上，太多人都不是为自己而美丽。

买一件衣服，会想着我穿上的话，恋人会不会觉得我更漂亮一点，这也许是大多数姑娘的内心写照。这很正常，也容易理解。女为悦己者容，这是千百年来未曾变过的传统了吧。不只是你，我也一样。做文字工作，每天接触的除了女性就是像女性的男性，办公室的蚊子大概都是雌的。在知道我每天六点钟起床，六点一刻就可以背着双肩包、穿着平底鞋、素面朝天出门后，妈妈已经对我绝望了。我每次狡辩的话都是，把自己弄得那么漂亮干吗？反正又没人看。

如今想想，当初自己也是真的很浅薄。难道美丽就是给别人看的吗？随着年龄的增长，心境也会逐渐变化，越发能体会川端康成那句“凌晨四点钟，看到海棠花未眠”的韵味。当初的心境是，我若盛开，清风自来；现在的心境是，我若盛开，清风爱来不来。如昙花夜间悄悄绽放，你看见也好，看不见也罢，一室清香终究是有所得。美丽，从来只属于自己。

说到这，不得不提自己的一个阿姨。阿姨今年已经五十多岁，按理说应该是过着含饴弄孙的生活。但阿姨不仅外表年轻，心态也极为年轻。她喜欢旅行，热衷拍照，敢于尝试一切年轻人喜欢做的事情。在自拍杆还未大范围流行的时候，她就已经买了一个，愉快地和朋友们一起自拍了。她身材保持极好，喜欢买年轻人喜欢穿的衣服。在她看来，只有她穿上好看不好看，没有她年龄符合不符合。你可以和她聊化妆、聊美容、聊八卦、聊旅行，她即使有不懂的时候，也是充满着好奇与探索。我想，这位阿姨和那位姐姐应该是一样的人。她们的世界其实很简单也很纯粹，她们懂得欣赏自己的美，懂得欣赏这平庸的生活。她们是自己生活的主人，而不是生活的奴隶。她们无所畏惧、内心满足，因为生活已经给了她们最好的礼物——强大的内心、理智的认知、乐观的态度，以及由此生成的优雅人生。

优雅和金钱、地位有关系，却也没有关系。中产阶级以上的生活确实很容易培养出孩子优雅的气质，但气质不等于内心。新闻中那么多的衣冠禽兽，不是很多都是风度翩翩、仪表堂堂吗？礼仪是可以外界培养的，但优雅的心态却是需要自我修炼的。

做一个漂亮的人很难，因为你需要别人对你容貌的肯定；做一个聪明的人也很难，因为你需要自己对别人智商的碾压；但做一个优雅的人却很容易，因为你不需要观众，只需要一份心情就好。就像阴天需要打伞，就像天冷需要盖被。当有一天，你终于可以将自己活成自己的主人，将优雅变成习惯，不再计较那些功利得失，自然就会变得从容、淡定、美好。

实习早已经结束，学到的却不仅仅是技术。尽管离开公司已经很久，但时常会想起那个可以穿着高跟鞋优雅地打扫卫生的姑娘。想必在这样的人心中，没有什么日子是没有阳光的。即使没有阳光，也无所畏惧于黑夜中起舞。自己就是自己最好的观众。当我逐渐想明白了这点，也开始重新打量起自己的生活。

原来因为担忧搬家麻烦，所以很多东西都习惯性地买一次性的。方便是方便，扔了也不会心疼，但总是少了几分生活的气息。因为身边充满了一次性的商品，所以有时候连生活都觉得是一次性的。看到什么想要的、想买的东西，总是会自己劝慰自己，对付用吧，反正都一样。于是，时间就在我一次又一次的对付中流逝，生活就在我一次又一次的对付中变得越来越廉价。我们总以为，什么都可以对付，对付的是别人。殊不知，我们最终对付过去的只是我们自己。因为我们终会在年华逝去中平庸老去，一无所得。

就像舞蹈未必要在聚光灯下夺目，就像昙花未必要在百花争艳时盛开。你若觉得我相配于这俗世繁华，我定然感谢你慧眼识珠的珍视；你若觉得我不配于这万千繁花，我选择深夜盛开，独自起舞，也绝不辜负这年华似水，我有幸走过。即使有一天，我一无所有，行乞于街头，又何妨我以水为镜，对月梳妆？年龄、工作、性格、身份，我们什么时候开始背上这些枷锁，从此活在井底？

成为别人期待的人很容易，成为自己期待的人很难。活成别人的美丽，不若活出自己的优雅。当一万个人说你不配的时候，你是否有勇气相信自己值得？在聚光灯下舞蹈也许很紧张、很难，但在黑夜里舞蹈则需要更多的勇气与力量，因为没有人会给你鼓掌。但内心真正强大而优雅的人是无惧于孤独的，因为生活就是最好的舞台，自己就是最好的观众。

活得优雅是一辈子的事情。我若盛开，清风爱来不来。

享受你的个人时光

昨天傍晚，一直圈在图书馆的小松突然背着书包回到寝室，满脸疲态。以往他都要等到熄灯后才会回来，我感到奇怪，就问他怎么了，现在不正是备考研究生的关键时期吗。

小松横躺在床上，像一桩木头一般对我说：“太累了，坚持不住了。”

于是我苦口婆心地劝他：“人的成功贵在坚持，如果没有恒定的毅力与决心，凡事都会做得一塌糊涂……”口若悬河的我对小松说了能有十来分钟，身为室友，帮助他是我的责任，可说到最后总感觉自己像个老妈，净说些类似大道理一样的废话。

小松一脸无奈：“你知道我的，我很能坚持，也有毅力。我并不是在夸大其词，只是问题不是出在这里。我感觉我的问题应该是太过坚持了。”

“怎么这么说？”我有点丈二和尚，摸不着头脑。

“我总是坚持一个人学习，这样跟朋友、同学们相处的时间就少了，时间久了，我感觉很孤独。每当看到图书馆里自习的人总是成双成对或结伴而行，我总感觉内心空落落的，以至于没什么学下去的动力了，我是不是应该找个朋友一起自习，相互促进、相互鼓励什么的，那样学起来应该更轻松、更有效率吧。”

我说：“你为什么觉得大家在一起学习就会相互鼓励、相互促进呢？”

小松说：“因为有朋友在啊，大家在一起就不会太孤单了，学累了还能闲扯一通，这不是一幅很和谐的场面吗？”

我说：“是很和谐，不过这种场面应该是不存在的吧。”

小松说：“怎么不存在呢？我在图书馆看到很多人都是这样的状态啊。”

现在我明白了，小松的孤单完全是被图书馆里那些成双成对的家伙们秀出来的画面刺激出来的。那些小松看似和谐的氛围其实本质上是虚假的。

记得我的一个也在上大学的朋友面临过这样类似的问题。他和女朋友身处同一城市的不同大学，一到双休日和法定假期，两人就会黏在一起在大学校园里秀恩爱。可是一到期末，即使没有课，两人也会在各自的大学里安心学习，完全忽视掉对方。

对此我感觉很奇怪，就问他：“女朋友离你那么近，最近你怎么都不去看看她？”他说：“不看，考完再说吧。”我说：“你们俩一起学不行吗？省得相思之苦。”他却说：“两个人在一起根本学不了习，只能玩。期望两个人彼此毫不打扰是根本不可能的，结果只能成为彼此的包袱。”

两个人无论再怎么熟悉，再怎么亲密，你不得不承认，他们还是两个独立的个体。

个体之间的习惯、生物钟、态度都可能大相径庭。交往的时候可能包容，设身处地为他人考虑，相处得非常融洽，可是你不要忘了，融洽和谐都是建立在交往的能力与技巧上的。而学习正是独处能力的一部分，与交往能力并没有太多的交集。

独处中的学习靠的是专注、举一反三以及多项思维、毅力与恒心的综合能力，当你运用这些能力有效率学习的时候，大脑潜意识识别了学习环境，交往能力与技巧便会被你抛在脑后。没有了交往能力与技巧，想让两个独立个人产生相互促进的和谐场面是非常难的。学习中的你有可能因为一点小事而跟朋友耿耿于怀，也可能因为朋友微不足道的一个小动作而心烦意乱，你变得活像一个小人，与谁都斤斤计较。

当然，由于性格各异，有的人在学习的时候还是能跟朋友相处得很和谐的，就像小松在图书馆看到的诸多场景——兄弟们坐在一起看题，不会了问问对方，大家集思广益、解答问题，累了大家就谈笑风生，每个人脸上都洋溢着幸福的笑脸。

对于这样的场面，我只能说都是秀出来给人看的。他们没有牺牲交往，却丢掉了独处中的学习力。也就是说他们的大脑识别了交往环境，而大家在一起的目的——学习却被完全抛之脑后。大家在一起只有开心而已，看起来令人羡慕，实则学习效率低下。你不会的问题我可以帮助你一道两道，可是你总问，就会影响我的学习效率。你学习累了，想跟人聊聊天，但不代表我也想聊天，相反，有可能我的学习状态刚好。所以这种本末倒置的行为实在是有自欺欺人之嫌。

大家在一起学习，互不打扰、形同陌路的状态是可能的，其他的状态都属于不正常、得不偿失的行为，没什么好羡慕的。

交往和独处原是人在世上生活的两种方式，对于每个人来说，这两种方式都是必不可少的，只是比例不太相同罢了。由于性格的差异，有的人更爱交往，有的人更喜独处。人们往往把交往看作一种能力，却忽略了独处也是一种能力。

细想一下，为什么人的一生最有可能做出大作为的时期是青少年，抛开大脑发育的因素外，还有比较重要的一点就是我们有着较长的独处时间。

结婚之后我们的独处时间越来越少，创造力与学习力也就跟着直线下降，再想成功肯定是难上加难了。著名电竞解说员小智虽然只是个娱乐解说员，却也曾调侃自己的事业与成功都是在有女朋友之前累聚而成。

所以这个世上可以分为四种人。

第一种人交往能力强，独处能力也强。这样的人大多全面发展，事业多有所成，历史上的大人物也大多属于这一种。

第二种人独处能力强，交往能力弱。这样的人总是能习惯独处，忍受寂寞，在奋斗中做出一番大成就。陈景润、凡·高等怪才皆在此列。

第三种人交往能力强，独处能力弱，他们健谈、开朗，却会给人一种夸夸其谈，咋咋呼呼的感觉，这类人成就一般不会太大，朋友却很多，生活得很快乐。

第四种人交往能力弱，独处能力也弱，他们是这个社会的弱势群体，处处遭到排挤，有的忍受不了生活的压力而自杀，有的还在社会底层苟活，不管怎么样，他们的一生是可悲的。我们要做的就是不伤害他们，在必要的时候伸出援手，举手之劳。

小松过度期望交往，并且有牺牲独处之势，我只能说不值得。我曾经就犯过这样的错误。

那时的我刚上大学，本想认真学习，多读些书，多考些证。可是怕跟同学的关系相处不好，还是花了大量时间跟大家一起疯闹。结果我发现我跟大家一样变得越来越平庸。

这个世界不是孤岛，谁都不可能独善其身。个人的生活总是与他人关联，旁观他们的生活，感受别人的情绪，接受他们的传播。所以你要想在群体中脱颖而出，靠的只有独处的能力，当你进步或向上赶超他人的时候，与朋友在一起的机会变少是很正常的事情，没人会怪你，相反会羡慕你的毅力。但交往变少，离大家越来越远是事实，这就是为什么绝对成功或站在巅峰的人会感到彻夜的孤独了，因为鹤立鸡群的你已经脱离了原本的朋友圈子。

有了这些思想准备后，请勇敢地前行。虽然前方的路孤独且寂寞，但请不要灰心，忍受孤寂，将那些热闹温馨的场面屏蔽。也许你的交往能力不强，可你要知道能力的达成并非一蹴而就，你需要在保证独处的同时慢慢学习交往技巧，慢慢成长，走向阳光大道。

永远不要舍弃独处，即使你会孤独。

有生命力地活在当下

[1]

热气腾腾，像是冬天掌心呵出的气，温暖得水汽淋漓。记得第一次和淘淘聊天，就是在那样一个白茫茫的冬季。

那时美国东部正逢暴雪，学校三天两头封校暂停课程，课虽然停了，如山的作业还在。我们不约而同来到图书馆二楼，要知道，如果每天同一个女生一直坐在你旁边的位置，你总会印象深刻。我们从陌生到熟悉，她大三，我研二，我们在密闭的小空间里晒着太阳聊剧，偶尔偷吃点零食，她的书包像个百宝箱，里面都有不同种类和颜色的小零食。后来越接触越发现，淘淘是个自带感染力的人，哪怕简单地相邻座位坐下各自忙功课，也会感到惬意而饶有动力。

一直觉得有些人，认识就好，没有必要深交，多少表面丰沃的土壤其实贫瘠一片，开不出保加利亚玫瑰。可对我而言，她是个热气腾腾生活的人，我喜欢这样的人。

她当时有个小愿望，就是开个校友会平台，为学校里的华人学生分享有价值的讯息，小到学校附近的超市和餐馆分布，大到美国有关留学生的每项政策影响，更别提一些学校活动和就业信息。这件事说得容易，做起来要遇到多少阻碍，可想而知。可她每次都是热情百倍又细致地去做每一件小事，用心去宣传，仔细聆听高年级的意见，然后第一时间采用修改。在我印象里，她一直是风风火火，肆意又亲切，只要她在身边，连空气都是雀跃的。

记得有一次，她自己组织了一次美食小分队，主打周末纽约美食风，从人员安排、餐馆选择、停车费预算、路线设计、酒店到备选方案一一列出，将平淡无奇的假期安排得灵活、踏实、有效率。生活中她也是个激情派，记得有次她说突然想喝辣豆腐汤，便开车带着我为了一碗辣豆腐汤远赴一小时车程的韩国超市，买到后心满意足地继续回图书馆，那不是豆腐汤，而是热辣滚烫的生活。

庸碌生活中，人们太容易自我保护，情感的浓度高一点才不易被稀释与淡忘。这样看来，与热气腾腾生活的人交往，也是为了保住熙来攘往中的一份温情。

[2]

两年前的寒假，我接到了一个向往已久的面试通知，去纽约来回坐大巴要四个小时，我一大早就拿着大号手提包在寒风中出发，里面装着高跟鞋、电脑和一堆资料。

一个小时的单面后，还有一个半小时的参观公司相关项目，忙完已经中午12点半，我当时疏忽，没带太多现金，饥肠辘辘，北风一吹，裹紧自己的大衣艰难地走过了纽约20多条街。

突然，我路过了一个热狗摊儿，本来我对汉堡、热狗之类高热量的食品都很排斥，可饥寒交迫时闻到那种味道实在美妙，整个人不由自主地被吸过去，没有一点抵抗力。

我默默地开始在摊儿前掏零钱，以最快速度数了三遍还是差1刀多。虽然带了银行卡，可既然看到了热狗，心里就再也不想去旁边的咖啡店刷卡买蛋糕或甜食了。摊主熟练地为其他客人搭配着食物，自然没有注意到我。这时，一个同样在排热狗的老爷爷仿佛看懂了我的尴尬和窘迫，在他点完搭配后和善地朝我笑着，说："你要吃哪种？我来买给你吧。"

我很难忘记那时他看似平常却暖心的笑容，颤颤地回了一声，然后连连说谢谢。

居然有陌生人为你的热狗买单，这是我在这个钢筋水泥的森林感受到的最大的温情。从此，每当身边的朋友吐槽那里地铁的陈旧、拥挤和路上、拥堵喧闹时，我都在心里说，并不是的，这座城市其实很温暖，至少我在那天曾被它温柔相待。

热气腾腾，这样看来，不仅是种生活状态，也是种人性选择。

现在很多时候，每次看到地铁口卖艺乞讨的人，我都会停下来，听一分钟，再慢慢放下点自己的零钱，而后安静走开。比起那些直接倒地乞讨或者当街拉住你要路费的人，他们的努力更该被珍视。谁都有颠沛流离的瞬间，既然遇到，就别让你本有的热情被城市淹没。

[3]

大学读中文系时，毕业论文写的是史铁生的作品。其实，好的文学作品与生活一样，是有气味儿的。那种气味，来源于生命最初与最后的坚持。

在他的笔下，有仿膳香喷喷的豌豆黄，空气中都是阳光和植物的芳香，太阳晒热的花草香，奶奶庭院里草茉莉和各种小喇叭跳跃着自己的生机盎然。她们化成了一种生命力，包围着，充满着，她们没有消失，而是转化成一种看不到、摸不着的存在，随他去天涯海角。

热气腾腾，也是我在他身上深切感受到的生命能量。在最美好的年华里双腿残疾，是怎样一种打击，旁人很难感同身受，可他将这纷繁杂陈的人间气味牢牢记下，终在这些充盈着气味的记忆中突破困境，找到生命的出路。

他曾写：“必有一天，我会听见喊我回去。太阳，它每时每刻都是夕阳，也都是旭日，当它熄灭着走下山区收紧苍凉残照之际，正是它在另一面燃烧着爬上山巅布散热烈朝晖之时。”如果热气腾腾生活过，便不会向死而生，再也无所畏惧。因为人世悠远，天道永恒，生既尽欢，死亦何惧？

就这样，我看着他的文章，感受着冬天深夜的凛冽空气、月光之下的夜雾、冒着热气的混沌摊儿，看着一缕一缕白色的烟雾缓缓上升，方知人生嘈杂喧哗，值得度过。

[4]

最近，我认识了两个好朋友——大纯和幺幺。

她们都是不久前一个人离开自己所在的城市来北京打拼，每天起早贪黑，晚上加完班回家后还在出租屋坚持着自己的写作小梦想。

幺幺说她想来北京是一时兴起，当时一个人来签一本书的合同，瞬间就喜欢上了这个烟火嚣盛的城市。回家后没几天就决定趁年轻来这里打拼一下，于是以最快速度找到了北京的工作，说服了父母，买好了机票，一切顺理成章又行动力惊人。

大纯前不久和男朋友分手了，说异地那么久还是选择了不同的路，就各自安好吧。毕竟，并不是所有人都会陪你走完你所希望的路程，他们更多的只是陪你一段，然后告诉你要离开。可因为他对你曾经真诚过，你还要笑着与他告别，再含泪转身。

不久前，看幺幺推送了篇文章，叫《我要画满手的少女梦想》。她拿到了工资，去做了次自己喜欢的美甲，看着一小时后自己的指甲变得色彩斑斓，仿佛生活也被施了魔法，既甜美又可爱，那种跃然纸上的开心特别有感染力，实在让人感动。

关于生活，在哪里从来不是一件重要的事，重要的是你以何种姿态去生活。作为女生，我们都希望能被这个世界温柔相待，但是，在它有时不那么温柔的时候，你是否也能对它温柔一下呢？绵延的城市什么都有，唯独没有尽头，很多时候你一个人走在街上，看着这座梦想中的城市华灯初上，万家灯火却没有一盏为你点亮时，你是否依然有勇气点亮自己的内心呢？热气腾腾生活的人，不管在哪里，都会懂得寻觅和挖掘它的小美好，而不是一味在压抑中抱怨。我一直相信，这样的人终会迎来满树花开。

我很喜欢幺幺和大纯这样的姑娘，因为她们敢于选择，也敢于承担。这年头，活出你的生命力与执行力，从来都是项可贵的品质。年轻时如果事事非要想清楚了再行动，可能很多事情根本无法实现。人都是这样，从象牙塔到烟火人间，不惧怕成长，只愿在成长中一直保持一颗热闹而明亮的心。

所以，做个热气腾腾生活的人吧，只要有生命力，便存在着某种永恒，从而恣意地活在当下。

努力奋斗的路上，请多一点耐心

一位立志在40岁非成为亿万富翁不可的先生，在35岁的时候，发现这样的愿望根本达不到，于是放弃工作开始创业，希望能一夜致富。五年间他开过旅行社、咖啡店，还有花店，可惜每次创业都失败，也让家庭馅入绝境。

他心力交瘁的太太无力说服他重回职场，在无计可施的绝望下，跑去寻求高人的协助。高人了解状况后跟太太说："如果你先生愿意，就请他来一趟吧！"

这位先生虽然来了，但从眼神看得出来，这一趟只是为了敷衍他太太而来。高人不发一语，带他到庭院中，庭院约有一个篮球场大，庭中尽是茂密的百年老树，高人从屋檐下拿起一支扫把，跟这位先生说："如果你能把庭院的落叶扫干净，我会把如何赚到亿万财富的方法告诉你。"

虽然不信，但看到高人如此严肃，加上亿万的诱惑，这位先生心想扫完这庭院有什么难，就接过扫把开始扫地。

过了一个钟头，好不容易从庭院一端扫到另一端，眼见总算扫完了，他拿起簸箕，转身回头准备畚起刚刚扫成一堆堆的落叶时，却看到刚扫过的地上又掉了满地的树叶。懊恼的他只好加快扫地的速度，希望能赶上树叶掉落的速度。但经过一天的尝试，地上的落叶跟刚来的时候一样多。这位先生怒气冲冲地扔掉扫把，跑去找高人，想问高人为何这样开他的玩笑。

高人指着地上的树叶说："欲望像地上扫不尽的落叶，层层盖住了你的耐心。耐心是财富的声音。你心上有一亿的欲望，身上却只有一天的耐心。就像这秋天的落叶，一定要等到冬天叶子都掉光后才能扫得干净，可是你却希望在一天就扫完。”

说完，就请夫妻俩回去。临走时，高人就对这位先生说，为了回报他今天扫地的辛苦，在他们回家的路上会经过一个谷仓，里面会有100包用麻布袋装的稻米，每包稻米都有100斤重。

如果先生愿意把这些稻米帮他搬到谷仓外，在稻米堆后面会有一扇门，里头有一个宝物箱，里面是善男信女们所捐赠的金子，数量不是很多，就当作是今天帮他扫地与搬稻米的酬劳。这对夫妻走了一段路后，看到了一间谷仓，里面整整齐齐地堆了约二层楼高的稻米，完全如同高人的描述。

看在金子的份上，这位先生开始一包包地把这些稻米搬到仓外。数小时后，当快搬完时，他看到后面真的有一扇门，兴奋地推开门，里面确实有一个藏宝箱，箱上并无上锁，他轻易地打开宝物箱。他眼睛一亮，宝箱内有一小包麻布袋，拿起麻布袋并解开绳子，伸进手去抓出一把东西，可是抓在手上的不是黄金，而是一把黑色小种子。

他想也许它们是用来保护黄金的东西，所以将袋子内的东西全倒在地上。但令他失望，地上没有金块，只有一堆黑色籽粒及一张纸条，他捡起纸条，上面写着：这里没有黄金。

这位受骗的先生失望地把手中的麻布袋重重摔在墙上，愤怒地转身打开那扇门准备离开。却见高人站在门外双手握着一把种子，轻声说：“你刚才所搬的百袋稻米，都是由这一小袋的种子费时四个月长出来的。你的耐心还不如一粒稻米的种子，怎么听得到财富的声音？”

伟大都是熬出来的，为什么用熬，因为普通人承受不了的委屈你得承受；普通人需要别人理解安慰鼓励，你没有；普通人用对抗消极指责来发泄情绪，但你必须看到爱和光，在任何事情上学会转化、消化；普通人需要一个肩膀在脆弱的时候靠一靠，而你就是别人依靠的肩膀。

生活总是现实的，穷人用悬崖来自尽，富人用悬崖来蹦极，这就是穷人与富人的区别。

你的世界是由你创造出来的，你的一切都是你创造出来的，你是阳光你的世界充满阳光，你是爱你就是生活在爱的氛围里，你是快乐你就在笑声里，同样的，你每天抱怨、挑剔、指责、怨恨，你就生活在地狱中。

让你的人生 丰富起来

周六，还在上绘画课，三弟妹打电话，说侄女要试卷，要我买了给她们送过去。

“不是说好的明天让她们过来吗？想要什么样的我带她们去买。”

因为还有大弟弟的儿子，他们同年级上学，侄女需要的侄子当然也不例外。

弟妹说：“你们今天都过来吧，难得大哥、二哥和我们都在家，咱们好好聚聚。”三弟因为开车，很少在家停留，大弟也是司机，也是聚少离多，三兄弟都在家，除了过年的时候，其他的时间，还真很难得。

果然，刚刚挂断弟妹的电话，大弟弟就打电话来，说侄子也要同样的试卷。

这时候正好也下课了，匆匆收拾东西，去到书店，挑好试卷才发现，居然又没带钱！还好，和这书店老板，我们是老相识。拿了东西往家赶，简单地吃了午饭，我和爱人就往车站跑。公交车一路上走走停停，总算到站了，二弟已经开了车等在那儿。

刚到家，大姐就打电话，说外甥女教师资格证考试结束了，准备到我家住一夜，然后就回济宁了。因为有了小孩子，这一去得到过年才能见面。

回是回不去了，只好告诉姐姐，一定要让外甥女明天下午再回家，我们明天上午赶到她家吃午饭。外甥女来姐姐家半个多月了，因为怕耽误她学习，我还一次都没去过。而且，她儿子都满百天了，我才只见过一次，明天上午必须去姐姐家吃饭！

还不到半下午，妈妈就张罗晚饭了。因为三弟妹在家，做饭就没我什么事儿了。看看门外有新鲜的稻草，我随手拿了两捆，掐些稻苗子——我们把脱去稻谷的稻穗，叫作稻苗子，绑在一起做扫面粉的小笤帚，又轻便又好用。

一个人，坐在午后的阳光下，慢慢地掐。菠菜刚刚有手指那么高，生菜比菠菜大一些，都长得水汪汪的。韭菜还翠绿成行，估计过不了几天，就要冻死了。蒜苗已经有手掌那么大了，一行行在阳光下拖着小小的影子，非常有趣。

二弟见我闲着，又坐在我身边，开始宣讲他的盖房计划。他已经说了不下百次了，每次我都当故事听。不过这次好像详细了很多，什么停车位、正房、厨房、厕所、客厅、壁炉，包括地下室和健身房，都有了具体的位置。我一边听一边笑，二弟见我不怎么当真，就总结了一句："凡是你喜欢的、凡是你能想到的，这座房子都包括了。"

我停下来告诉他，别总忽悠姐姐啊，设计好了赶紧行动！二弟点了一支烟，慢慢地说：

"急什么，你还那么年轻呢！现在就建好了，等你老了房子都旧了。"

这不还是白说吗？啥时候那房子建好了，我才相信你说的话。这时候三弟打电话来，让二弟去接他。三弟妹听到了，把女儿也塞车里，让三弟带她去配眼镜，二弟的儿子见爸爸开车，也钻到车里去了。

这下清静了，手机却突然响起来，是二弟。"刚出门打电话干什么？"我问他。

"高压锅里的排骨压好了，你去把电断了。"哦，他还没忘记他做的排骨呢！我断了电，打开排气阀，一股肉香味随着蒸气升腾起来，充溢得满屋子都是。三弟妹的麻辣鱼也做好了，再加上一盘炒青豆、一盘子小咸菜，下酒的菜、下饭的菜都有了。

刚刚收拾好饭桌，三弟他们回来了。他们喝酒，我们吃饭，一边听他们说些疯话狂话，一边看电视。小孩子们早早吃完去写作业了，三弟妹吃完，带女儿去洗澡。饭桌上，就剩下我爱人和我三个弟弟了。二弟不喝白酒，啤酒瓶已经排起了长队，却还要喝。大弟已经喝了半斤白酒，手上却还端着一杯。轻易聚不到一起，喝去吧，我去看孩子们写作业。

第二天早晨不到六点，我就醒来了，因为急着回家，就去拍妈妈的门。妈妈知道我们要早走，也起来了，把我要带的黑豆、青豆，都装到一个结实的袋子里。

路两边的水稻，大都收割完了，就是有的已经垛起来，有的还没有打捆，还有的已经打好了捆，依然在地里晾晒着。稻田里的麦苗一片翠绿，看起来一片生机勃勃。芦苇的花穗已经干枯了，杨树的叶子，也开始飘落。马上要立冬了，秋色却依然很浓。

觉得大早晨的，公交车一定很好等。谁知道怎么那么多要奔波的人啊！好容易等到一辆公交车，还人挨人、人挤人的，落脚的地方都没有。

虽然没有落脚的地方，我和爱人还是挤了上去。回到家才刚刚八点，早饭还没吃呢，就给姐姐打电话，说我们回来了，中午去她家吃饺子。

骑了电车，到姐姐家，姐夫正在砌一段砖墙，姐姐正在炖鱼，炖上鱼又开始调制饺子馅，和面包饺子。外甥女在逗儿子，看到我，赶紧把儿子塞我怀里。一天到晚，被这么个小人缠着，肯定够累的啊！不过，看到小孩子星星一样黑亮的眼睛，看到孩子纯洁可爱的笑脸，心里真是觉得，多苦多累都值得。

外甥女说她这次考试，肯定过不了，因为综合能力测试，她复习偏了。

这次不过还有下次，你不去经历一下，怎么知道向哪方面复习呢？想起那些考教师资格证的孩子们，中午的时候没地方去，就垫张报纸坐在马路边。唉，特别我这外甥女，一个人考试，不仅要带着儿子，还带着婆婆和妈妈！真是不容易啊！

从姐姐家回来，倒头就睡了。金屋银屋不如自己的小屋，走遍天涯海角，还是自己家好。一觉醒来，天又开始下雨了。还好，应该见的人见到了，应该做的事做到了，虽然奔波劳累，心里还是很高兴、很坦然。

我们总是这样，或者为了亲情，或者为了友情，或者为了爱情，或者为了心情，不辞辛劳地奔向一个又一个目标，相信这每一次奔赴，都饱含着浓浓的期待与向往，也都收获着浓浓的感动与感恩。

我们的人生，就在这一次一次的奔赴中聚散，在一次一次的聚散中悲喜，在一次一次的悲喜中，变得丰富多彩、妙不可言！

一个人的时候，想办法让自己优秀起来

上大学的时候，教授给我们讲过这样一个颇有意义的故事。

甲和乙同时应聘进一家大公司，他们的学历和年龄相似，也同样努力地工作。一段时间后，甲升任部门主管。乙心中很不服气，但也没有办法，只能忍气吞声。

又过了一段时间，甲的职位又提升了，乙还是原地不动。

乙想不明白，他感觉自己和甲各方面都差不多，为什么自己没有被提升？他带着疑问去请教经理。经理听完乙的问题，并没有说什么，只是交代乙去看一看菜市场有没有卖土豆的。

20分钟后，乙匆匆赶回来报告经理，菜市场只有一个老汉在卖土豆。经理问："土豆多少钱一斤？"

乙说没问，转身又回到了菜市场。又一个20分钟过去了，乙回来报告经理："土豆一元钱一斤。"

经理问："如果买一百斤以上，是多少钱一斤？"乙回答不出这个问题，只得再一次返回市场。

又是20分钟后，乙回来了，说："买一百斤以上八毛钱就可以了。"经理说："很好，那市场上除了土豆还有些什么菜呢？"乙说："我再转去看看……"

这时，甲到经理的办公室送资料，经理当着乙的面对甲说："去看一看菜市场有没有卖土豆的。”

甲去了，经理邀请乙一起等着。20多分钟后，甲回来了，对经理说：“市场上只有一个老汉在卖土豆，一元钱一斤，如果买得多，还可以便宜，最多便宜至八毛钱，条件是必须购买一百斤以上。如果对土豆不满意的话，市场上还有很多种蔬菜，如黄瓜、白菜、西红柿、红薯……”

之所以想起这个故事，是因为感慨于朋友老张的故事。一次朋友聚会，老张懊恼地抱怨自己现在的工作情况糟糕透了，上司要求苛刻，不尊重他，长时间不给他提薪升职，同事们总是很轻浮地开他的玩笑……不久，老张就离职了。

离职后的老张很快应聘到另一家公司任职，但没多久，老张就在朋友圈中宣布自己准备跳槽了。因为这家公司的领导对自己有成见，自己策划的方案明明已经很好了，却一次次被领导毙掉！“简直就是一个老变态！”老张愤愤不平地表示。然后就果断离职了。

这几年，总是听到老张换工作的消息，大家都已经习以为常了。如今，一起大学毕业的好朋友都已经在公司成长为中层领导了，而老张还在为一份不确定的工作而经常奔波在大大小小的人才招聘市场。

其实，我想说的是，这个世界上发生的每件事都只是暂时的，即便是糟糕的日子、失眠的夜晚。每个人都难免会有一段不顺利的时光，遇到事情不顺时，拍案而起，拂袖而去，固然痛快，可失去的却是永远的机会。

如果你的优秀足以令你卓尔不群、出类拔萃，别人还敢忽视你的存在吗？就像一颗璀璨夺目的珍珠，原本不过只是一粒丑陋的沙子，但它承受住了忽视和平淡，直到有一天自己变成了一颗价值连城的珍珠。

在我的亲戚中，有一个叫小孟的女孩，她的故事让我特别感慨。

小孟出身普通人家，长得也不是很漂亮，但身材倒是颀长的。小孟的理想是当一名空姐，从上初中就有了这个想法。然而，小孟的理想常常招来别人的嘲笑，想当空姐，谈何容易啊！何况，小孟家也没有在航空公司上班的亲戚、朋友。

“癞蛤蟆想吃天鹅肉……”这是一些不怀好意的人对小孟的看法。“你现实一些吧，将来做一个文员或者会计，女孩子要找个安稳的工作……”这是家人苦口婆心的劝导。

但小孟不管别人的看法，执着地坚持自己的理想，她每天把背挺得直直的，坐凳子只坐三分之一，时刻像一只骄傲的白天鹅。她说，必须时刻保持优雅的状态。她还每天坚持锻炼——跑步、做仰卧起坐，她说，这是为了将来体检时使身体达标。

她还坚持节食，无论多么爱吃的东西，都只吃规定的量，晚上不管多饿，都不吃夜宵。她说，这是保持身材，将来好在众多人选中脱颖而出。

阑尾发炎，医生说要手术。小孟听说做过手术后不能做空姐，就说什么都不肯做手术，只坚持打针、吃药，把一家人急得不行，这样多危险啊，但她硬是挺了过来。

小孟了解到，想要做空姐，最好的方法就是上空乘学校。她早早锁定了将来要上的哪所学校，为了高考时达到空乘学校的录取线，她每天埋在书山题海里，一刻也不松懈。

这样不懈的努力，终于让她如愿以偿。两年之后，到了实习期，有航空公司到学校招聘。实习期待遇比较差，而且上班的地方离家有千里之遥，很多同学都不重视这次机会。小孟却第一时间报了名，并积极地做着面试的各种准备。

这么多年的坚持，终究没有白费，面试时她脱颖而出，成了一名真正的空姐。虽然只是实习，她却处处严格要求自己，每件事都做得极为认真。一年后，她和公司正式签约，实现了自己的梦想。

很多人羡慕小孟的好运，一个普通的女孩子，居然轻轻松松就实现了空姐梦。可是有几个人知道，生活中的每一天，小孟都在为成功做着准备，日复一日地积累，终在这一天，自己已变得足够优秀，才受到了命运的青睐，才终于换来最后的心想事成！

在你足够优秀之前，难免会有一段被人忽视的日子，这是一段无人相伴的旅程，是一方没有星光的夜空，是一段没有歌声的时光。

然而，也正是这段寂寞的时光才能让自己沉淀，让自己成长！当你足够优秀时，世界自然对你刮目相看！

正视人生的苦难

如果天下的人们，

用鲜花铺满自己心灵的春天，

用快乐填充自己的平常生活，

一个脚印接着一个脚印地走，

那么每一个脚印都是一首成功的歌！

世界它才没有负于你

[1]

人生对人最大的教化，莫过于让他们接受人生设定。

可变化才是永久不变的东西，好的世界则源于总有人不断对既定存在的事物产生好奇，迁徙是干吗呢，淘汰旧的、弱的东西，包括旧的弱的自我。

你甘于画地为牢、坐井观天，就只好继续在井里待着，做沉默的嗷嗷待哺的大多数。

所以，主角们常代表我们，善于发出最后的吼声，而后向他的人生设定发起挑战，他们的高光时刻，常是在最愤懑处的绝地反击，作品带给我们的除了心灵震颤，最过瘾的，莫过于心如钢铁，用实力打脸，尤其是面对那些“你不行”。

[2]

我心里敬佩的人，我最终都没有向他们主动表达过。

比如，创业的那个，正在朋友圈里晒自己公司新址的挂牌仪式。

眼看他举重若轻地，把公司从几个人做到几十个人，从二十平方米到四百平方米，公司的招牌一换再换。

此刻他说：“要为房租加油了。”

他不常抱怨，没有说过自己的理想，很少在朋友圈展现内心。有时候大概觉得枯燥了，就发一些古旧的东西，小时候住过的房子，青春期成长过快迅速变短的显得空荡的裤腿。

偶尔路过了老单位，就仰望着看了看，说，那段日子啊。

之后没有详细描述。不过是，别人不想加的班，他加了，每个春节，总是他在守着。

我认识他的时候，他正是这样，比现在瘦，看起来平静，两腮无肉，又很沉默，闲时抖着腿，哼着小曲，看起来不会有作为的样子。

到现在，我收回我当初的判定，以及暗暗地佩服他，虽然并没有说出口过。

讨厌自己现在的样子，就去努力改变；想过另外一种生活，就当机立断地开始，从来不在自我设限里打转转。

和世界的交道就是，你不想理我，我偏理你，你看不见我，我就跳起来，让你看到。

这是他教我的事，也许他并不知道，对自我有把控的人，较少关注周遭人的眼光和观察，他三步两步地，像在做顺水推舟的事，直到后来我们喝喝小酒，谈谈人生，他没有总结得那么好，我替他总结了。

他的说法是，我为什么——不能——按照——自己设定的方式，去生活？

我爱他这种简单、粗暴、直接不听信命运设定的表达，关键是，还有做法。所以，我总是坚定地为那些过山车般扭转自己人生轨迹的人鼓掌。

辞了工去学做西点的，到美国读书的，去日本过避世生活的，好好的突然就放下一切奔向异国爱人的，开始不断迁徙着生活的。

他们让我看到生而为人的希望，也用来提醒我，即便是被裹挟的人生，也必须要有像那些主角突然勇猛的高光时刻。

而人生的转变，并不靠鸡汤获得，不靠听从道理获得，甚至不靠身边的人励志获得，唯有，靠日有寸进的改变获得。

所以说，没有未来，现在就是未来。

他们的每个决定，在那时那刻都看不到结果，只是在看不到结果的时候，难免好奇。

攀山、爱人、举重、过关，与人为敌为友、化敌为友，都是当下要做的，变成慢慢水落石出的未来。

[3]

“你有多久没有奋不顾身过了？”

你敢去徒步十公里吗？

你敢去挑战下过山车吗？

你敢去向喜欢的人表白吗？

你敢离开现在相对舒适的环境吗？

每个你的不敢，都只是为了证明你此刻的安全。

三十岁前我把不敢当借口，现在却要把不敢当成突破自我的方法。

人生的无趣在于，竟没有什么事情让你愿意倾其所有，那些曾让我们心心念念的，最后都依靠获得变得不过如此，多无聊啊。

所以写作是，跑步也是，乐趣在于，将自我调到可控的范围之外，看看自己会是什么样子。崩溃也罢，痛苦也罢，只是人生设定之外，有趣的体验罢了。

我钦佩的另一个人，是一个被我称作用身体细胞活着的家伙。

我在上班的时候，他就去各地漫游，晒过的太阳、淋过的雨、经过的凶险，他都没有一一对我讲。

我不想过这样的生活，但不妨碍我欣赏他的活法，读万卷书和行万里路并无差别，关键只在于，你是否放下了既有，并在迁徙中不断丰富自我。

看很多人变得更好，并不能让自己变得更好。

听很多人关于寻求自我最终获得答案的过程，不如自己亲身尝试一下。

我能想到最好的人生，就是每个阶段，都完成必要的和不必要的挑战。

而所谓的收支平衡，只是一句安慰自己的话。敢于失去也是另外一种得到。

去试试突破下吧，也许，你真的没有自己想得那么好，但也没自己想得那么糟。

[4]

有朋友说，这几天都快被你的新书刷屏了，看起来像是动用了无数的资源。

但只有我知道，私交也好，求助也罢，发出去的每一句话，都在耗费之前的积攒，而此刻拿回来的帮助，也必将记得，并通过更长的时间偿还。

除了感恩，还有更多的是，我是否对得住这些帮助。

有更小的作者抱怨，为什么没有得到更好的协助和资源，我苦笑着无法说话。

当没有资源可用的时候，最好先把自己变成资源。没有大腿可以抱的时候，孤身一身没有援助的时候，看起来好像全世界都有负于你的时候，最好的挣脱和清醒，就是问问，你自己为自己做过什么。

人生是一场不靠鸡汤的伟大迁徙，要不破产，只有忠于自我，默默赶路。

你最大的敌人就是你自己

很多年轻人，少男和少女，会盲目地羡慕电视偶像剧里，男女主角多姿多彩的感情生活。其实，每个人都是独一无二的个体。任何一个人，都有属于自己的一条轨道，谁也无法，被他人复制与取代。不论一路上，会遭遇怎样的喜、怒、哀、乐，怎样的人和事，你都有经过量身定做、只适合你自己去扮演的角色与戏份。

通常，大部分人都想模仿偶像的生活。所谓“家家有本难念的经”，你所钦慕的对象，在你看到的另一面，他们和她们，有什么样的烦恼和缺憾，你不会知道，或者也不会感兴趣。

每天你上学，坐同一班公共汽车，或许当天出门前，还跟妈妈怄气；中午吃几元钱的快餐；上课时，与同学发生些小争执；周末跟朋友，人挤人地看场电影；在假日的夜晚上网聊天。这些生活中的琐碎细节，全部集合起来，就算是一种人生戏剧，你已经在演以自己为主角的偶像剧了。

生活，不一定要有惊天动地的情节，才叫精彩；感情，也并非要有山盟海誓，才算真爱。电视中的偶像剧，因为收视率和时间的原因，必须把真实的时空压缩，然后以紧凑的剧情与夸张的情节，铺设故事内容。这就像你，可以透过一场一两个小时的电影，观赏一个人长长的一生，或者了解一个民族的兴衰、一段历史的更迭。但是，真实的人生琐碎、冗长和沉闷，甚至会有很多机械式的重复。这些所谓平凡单调的生活，在讲究戏剧冲突和张力的偶像剧里，是无法体现出来的。

不要一直抱怨和不满足于，自己所能控制、拥有的一切，其实，每个人都在演自己的、独一无二的偶像剧。在这场戏里，你的角色与戏份儿，没有人能够取代。你只能真正发自内心地，接受现在所能拥有的一切，不管是外貌、身材、学历、朋友圈、工作环境，还是家世背景、所交往的对象，否则你就会永远没有快乐的一天。因为，一个人最大的悲哀，就是不愿意做自己，更不能战胜自己。

真正的成功，不在于战胜别人，而在于战胜自己。有些人从小，就崇拜一个又一个战胜别人的强者，他崇拜征战沙场、踏着血泊、穿过硝烟的将军，崇拜技巧娴熟，运用力量、柔美战胜世界劲敌的运动员，他所崇拜的太多太多。

可日益长大后，才发现战胜自己，才应该充当社会的主流，成为他自己的奋斗目标。

保尔·柯察金战胜了自己，让世人看到了他那钢铁般的意志；张海迪全身高位截瘫，自学了四门语言，成了著名的作家：霍金虽然瘫痪，却成了众所周知的宇宙之父……这样的例子在过去、现在都比比皆是，他们之所以取得了成功，都与他们战胜自己分不开。

战胜自己，需要勇气。司马迁虽受宫刑，仍然坚强不屈，完成了巨著《史记》。战胜自己，要比战胜别人难得多，因而战胜自己，就要有坚忍不拔的意志，要有根深蒂固的信念，要有，在逆境中成长的信心，要有，在风雨中磨炼的决心。战胜自己并非易事，所以我们要培养战胜自己的目标、决心、能力及克服困难的勇气。

战胜自己，要不断总结，想出解决的方式。著名的作曲家贝多芬一生有许多不朽之作，但很多有激情的曲目都是在他失聪后创作的。失聪，就预示着一个音乐家音乐生命的结束，然而，贝多芬想出了战胜自己的方式：通过自己对音乐的认识，自己在脑中创作，手上弹，再用手触摸五线谱的木板，往上写，他完成了《命运》交响曲。他战胜了自己，是顽强的意志、自己想出的方法帮助了他。

所以，为了战胜自己，我们要总结。战胜自己才能愈发充满生命的活力，无论是健全的身躯，还是残缺的臂膀；无论是优越的条件，还是困窘的环境，我们都要战胜自己。战胜自己，要有奋发的勇气，要有克服困难的意志，同时还要不断总结，找出通向成功的途径。所以，不要把战胜别人看得太重，最大的胜利便是战胜自己。让我们“战胜自己”！你才是，你自己心中的偶像！

谁还没走点弯路呢

按照现在流行的词来说，我曾经是一个“学渣”，在国内念建筑学校没有毕业，然后去德国读了5年书，最后也没拿到文凭。不过我认为，生活就是不断学习，经历本身才是最大的财富。

我的商业历练应该是在德国读书时开始的。我课余曾在一家音乐网站打工，那是2000年左右，互联网刚刚兴起，这家公司的商业模式比较简单，就是通过互联网卖唱片，但做到了年销售额4亿欧元的规模。公司把小城里的一座老火车站买了下来，装修成了办公室，在里面工作的人都很酷、很时尚，很多时候我不会想到这是一家卖唱片的公司，而会认为是一家创意公司。这家公司的文化和氛围直到现在还在影响我，所以现在做Watch，我一直告诉我现在的员工，我们不是一家智能手表公司，而是一家贩卖时尚的公司。

还在德国时我就跟一个同学合伙做进出口贸易，主要是把很多中国便宜的东西出口到德国去卖，当时主要是通过网上渠道，2002年在一次电脑贸易中遇到了骗子，14万欧元货款打过去，结果人找不到了。这件事对我打击很大，等于我在德国勤工俭学的钱全部散了出去，不过从此以后我做生意会多一个心眼。

那年春节回到国内后，过完年就遇到非典，我也不愿意回德国了，自己就跑到上海继续创业。我在国内的第一个项目借鉴了德国那个互联网唱片公司，就是利用P2P的方式卖音乐。

我把国外一些好的免费音乐，特别是夜场音乐上传到服务器，然后提供付费下载。网站的名字叫Rave China，因为有特色，我们完全靠口碑营销做到了全国第一。这个项目基本是零成本起家，但是为我赚了几百万。后来我们的模仿者越来越多，版权的管制也越来越严格，2005年，我就把这个公司关掉了。

有段时间我对互联网有点厌倦，2006年就索性跟几个朋友去做DM连锁杂志。我的思路是将杂志免费摆放在一些三线城市刚刚兴起的咖啡馆、茶楼和星级宾馆，然后靠广告和软文赚钱。在内容上，一半是通用的内容，一半是本地化的内容。这样看来，渠道固定，内容成本低廉，印刷成本可控，又选择在广告业不发达的经济富裕地区。

当时我笃定这是个好生意，就一下子在长三角地区铺了10个城市，比如苏州、常州、无锡等，一个城市设立一个办公室，然后开始招兵买马去拉广告。

这么疯狂的扩张很快带来了恶果，杂志只出了4期，现金流就断了，公司账上亏了将近1000万，我只能迅速止损，把公司关掉了。

这次创业给我最大的教训是一定要稳扎稳打，不能好大喜功，同时就是要看准趋势，懂得何时坚持、何时放弃。

所以等到2008年做团购时，我就吸取了教训。这算是个从内部创业开始的项目，当时国外团购的概念已经起来了，内部有个小伙子想去尝试，我就给了他100万元去无锡做团购网站，没想到他只花了30万元就开始盈利了。后来我们就开始谨慎扩张，用2年时间进入了5个城市。这个项目现金流很好，基本每个月的成本有30万元，利润能有40万元。

那时，团购在国内已经热了起来，所谓“千团大战”已经拉开帷幕，行业巨头拉手、糯米、窝窝等都已经融了上亿元人民币，我一看玩法变了，要么融资迅速做大，要么被巨头收购。后来我们选择了后一种，因为作为一个在三线城市耕耘的团购网站，想获得资本的垂青并不那么容易。2010年年初，我们5个城市的网站打包以300万卖给了一家排名前三的团购网站。

从团购项目全身而退后，我开始寻找新的项目，作为一个连续的创业者，这时我已经清楚地意识到，把握趋势比找到优势更为重要。当时最热的应该是移动互联网，而我从2008年起就开始零零散散地跟着一些老板做天使投资。

这时我碰到了对我非常重要的一个合伙人，也就是公司现在的CTO。他是做硬件出身的，本来我们只是合作关系，我的技术团队帮他做手机ROM。后来我们越聊越投机，在智能硬件领域准备合作做点事情。

选择智能手表这个方向有点机缘巧合。当时我们接了荷兰一家公司做手表手机的订单，而苹果正好放出要做iWatch的消息。我和合伙人都敏锐地认识到这个市场存在巨大的需求，我们必须抢在苹果前面把产品做出来。

其间过程自然是非常艰难。第一批样品良品率非常低，当时我们为了一块玻璃耽误了4个月时间。2012年4月的时候，我几乎想放弃了。但这么多年的创业经历让我认识到，轻易放弃等于前功尽弃。8月份，产品终于有了眉目，10月份整个团队停止了所有软件外包业务，开始投入到Watch的开发进程。2013年8月，我们终于出了第一款产品。这时智能硬件领域已经非常火热，创业者和大资本都在往里面挤。

回顾这么多年的创业，我想每段路都是一种领悟，都是成长里不可替代的一段经历。

你的每一次经历 都是成功路上的修行

2002年的时候，我在上初中，我的一个远房婶婶在镇上开了一家裁缝店，街上从小孩到老人都会去她的店里面量体裁衣，挑上喜欢的布料，给自己做一件新衣服。

有一年寒假，我到婶婶的店铺里帮忙。

即使那个时候我已经知道了有很多牌子的衣服，即使我自己已经开始去买成套的运动服来穿，但是这丝毫不妨碍我对于婶婶在缝纫机上工作时的那种痴迷。

摊开一捆重重的布匹，扯下一块布，一把专用木尺，扁长的一块划粉，三五下一件衣服的轮廓就画好了，然后拿出一把很大的剪刀，这一刻婶婶开始把身子往前倾，半身匍匐在桌子上，左手按住布匹，右手持剪刀，顺着样板线条往前移动，她屏气凝神，嘴角还下意识地动起了节奏。

没有任何迟疑，如同行云流水一般，剪刀飞往布匹的尽头，三两下就把一件衬衫外套的主体、袖子、衣领几个部分都剪裁出来。

缝纫机上的她也是个极其专注的模样，脚下有节奏地踏着板子，右手一推转轮，针线孔如同安装上马达的机器，整齐划一地往前移动，拼接好的部分慢慢溢出来，直到堆满整个缝纫机的左侧。

遇上拐弯之处，婶婶左手张开，五根手指娴熟地移动着不同的幅度，如同钢琴演奏家孔武有力的手指，布匹跟着她手掌上的力度慢慢转移、拐弯、加针，然后收线。

我那个时候也学会了用缝纫机，但是仅仅止于给自己的布娃娃制作衣服，大人做生意的衣服我是万万不敢碰的。

有一天婶婶拿来一条成型的裤子，让我帮忙收裤脚，裤脚部分已经用熨斗烫好了版型，我只需要把里边部分的那一小寸布固定就好。

我拿起针线，线尾打结，然后穿进第一针，第二针的时候，需要用针尖把外层布最微小的一根纤维条穿过，这样裤脚外层根本就看不出针孔的痕迹，然后再是里面的布匹穿过一针，接着穿过外层布最微小的一根纤维条，周而复始，走成了一个整齐的W型。

有时候穿外层布的纤维条用力过猛，就会看得出痕迹，所以我总是每扎进去一针，先从外围观察一下有无痕迹出现，然后才敢把针线穿过。

几条裤子试验下来，我居然也开始也变得娴熟了起来。

婶婶的店里还有另外一块买卖，就是床上用品，针线活做得不错之后，她就安排我去店铺的门口，负责看每天出摊的那些床上用品。

枕头30块一个，50块两个，遇上比较精明的客人，你就45块也给他两个就好，但是不要一开始就把底价喊出来了，至于那些比较挑剔的客人，你就说里面有更好质量的，可以先随意进来看看。

床罩、被单都是颜色鲜艳的摆在第一排，然后按照布料舒服程度依次往后放，客人冲着明亮的颜色到我们这里，然后开始用手试摸布料，感觉还不错就会继续摸下一块，渐渐觉得里面有更好的选择，他就愿意走到店铺里头来看看。

冬天的时候蚊帐是不好卖的，但是别忘了过年前后也是最多人办婚礼的时候，所以我们把大红色的蚊帐样品摆一件在门口，告诉客人我们有这样东西就好，置办嫁妆的人不会轻易做决定的，所以他自然会走进店铺里来挑选各种款式，所以你就不需要担心吸引这部分客人的问题。

婶婶一点点跟我交代这些细节，然后她就走进店铺的角落里面缝制衣服了，我负责店铺门口的一切交易，至于我招呼到那些愿意走进店铺里逛逛的客人，再由婶婶起身接待。

她从来不管到底我会不会，她只是交代了，于是就离开了。

我也是之后才知道的，前面那几条用来做收裤脚的针线活，居然就是客人定制的衣服，我以为自己是用来当练手的，结果那天下午客人就过来取裤子了，他上下左右、里外检查了一下，然后付钱离开。

事后我还是有些害怕的，万一我当时弄得一塌糊涂，那好好的一条裤子就会被我给毁掉了。

这时候有客人来了，果然问起枕头的价格，我极力平复有些忐忑不安的心情，然后扯着响亮的嗓子说："枕头30块钱一个，我们这边有样品，你可以看看里面的棉花是很不错的。"

"买一对能便宜一点吗？"

"那你还需要搭配枕头套吗？我可以一并给你便宜一点的价格。"

"枕套怎么卖？"

"最便宜的有15，最贵的有80，你顺着这一排下来，看看哪个你摸起来舒服？"

客人是个比较年轻的阿姨，她真的把每一张枕套都摸了一遍，果然，按照婶婶的物品摆放原则，她又开始摸起了被单，嘴里念着要给自己上学的女儿挑一套床上四件套。

我当时的第一反应就说："阿姨我今年也上初中，也开始住校了，学校宿舍的床铺很硬，最好挑一个质量不是很好的棉絮当成铺在下面的垫子，但是床单最好挑舒服一点的床单，至于用来盖上面的被罩跟棉絮就要更舒服一些的了。

“还有就是宿舍床小，不需要买奢华的那种四件套，挑一个一米二或者一米五的规格就好，女孩子比较喜欢干净可爱的图案，小动物或者小花的都不错。”

等我一口气说完这番话，这个阿姨终于从在店门口徘徊走进了店铺里，然后接下来的任务就交给我婶婶了。

那是我促成的第一单生意，卖出去了一套四件套、两床棉絮，阿姨还给自己定制了一件西装式的外套，差不多快五百元的收入。

婶婶笑着跟我说，看不出你这么文静的小孩，说起话来还很不错啊！

她不夸还好，一夸我就脸红了。

我继续守在店铺门口的摆摊上，中午时分客人开始多了起来，很多大叔、大妈在挑枕头，有些人摸几下就走了，有些问了价钱也走人了，还有人不买也不走，就一个劲地说：“为什么要这么贵，为什么要这么贵……”

我想起之前婶婶也处理过这样的情况，于是我开口跟那个碎碎念的大妈说：“您不买也没关系的，可以先摸摸质量看看，现在正是赶集的热闹时分，您可以去这条街上的其他店铺都走一遍的，就当边逛边游玩了，等您最后要买哪家了，再做决定也不迟对吧？”

果然，大妈听进去了，终于没有再赖在门口了。

下午的时候我在忙碌中，来了一个女孩，说要买一整套床上用品。

我在张罗中没有注意看她，只是随口一问：“你是买来自己用还是送礼呢？”

她说：“我要用来结婚当嫁妆的。”

我于是抬起头，刚想说话，然后我就惊呆了。

这个女孩，是我的小学同学，住在离小镇更远的乡下，因为上学比较晚，五六年级她到我们班上读书的时候，也已经有14岁了。

或许是穷人的孩子早当家，她在班上如同一个知心大姐姐，扫地、抬开水、搬书她都会去出一份力，半点埋怨也没有，每次考试前夕我们比较紧张的时候，她总是一副很镇定的表情安慰我们："不就是一次考试嘛！又不会死人！"

有天傍晚的时候她负责到黑板上摘抄作业，然后渐渐地我们看到她的裤子上有一片乌黑的血迹，女生们有些似懂非懂，男生们就各种交头接耳，甚至吹起了口哨。

后来是有个女生上去提醒她了，她腼腆笑了一下，然后丢下粉笔，拿起自己座位上的外套系在了腰间，然后离开教室。

学校的小卖部没有卖卫生巾这种东西，于是她跑去办公室，找女老师帮忙，当然这些也是我们事后才知道的。

第二天有女孩问起她的情况，当时班上的女孩中就她一个人知道例假这回事，于是她开始给我们解答这些疑问。

现在想起来那应该是我第一次接收到性教育这个东西，家里的父母从来没有跟我讲解过这些知识，这一切见识的收获居然来自于班上的一个女同学。

我对她的记忆，从小学毕业后就开始渐渐消淡了，我不知道她去了哪里，我以为她是到了另外一所学校上初中，但是我万万没想到的是，这一个属于我读书寒假里的这一天，竟然就是她准备出嫁的日子。

那是我第一次遇上这种有些小尴尬的境地，我不知道怎么处理，她身边有一个男人，看上去比她大很多，感觉像是老实人，我把婶婶喊了出来，说这两个人要购置一套嫁妆。

一般这种所谓的大客户，婶婶绝对是十二分的笑脸迎接的，果然他们挑了很多不同的款式，清一色的大红色系列，也不像那些大妈一样会斤斤计较价钱，就是搭配好了最后让婶婶帮忙打包。

婶婶是个聪明的商人，她一起算下来给了1288元还是1688元的价钱我已经忘了，也说了很多吉祥的话，寓意百年好合、好兆头一类的，我的这个女同学她也没有提出讲价，爽快地就付了钱。

送她到门口的时候，我小声地问了一句："你们是怎么认识的呢？"

她笑了一下，说："我小学毕业去打工了两年，遇上了他，跟我是同乡，觉得还不错就决定回老家结婚了。"

我当时趁着人群吵杂，再问了一句："那你喜欢他吗？"

那个时候我的价值观里还没有"爱"这个字眼，我只是觉得在一起的两个人，就应该是彼此喜欢了才是可以的。

她没有回答我这个问题，只是说了一句："达令，我跟你的命运不一样，真的。"

我送她离开店铺，人群中她有那么一瞬间的忧伤，她回头跟我示意告别，一种说不上是好还是不好的感觉，她的嘴唇很薄，樱桃小嘴一般，脸上有些跟我一样，开始发育期出现的青春痘。

她很快平复了情绪，牵着身边那个男人的手，然后大步往前走，淹没在人潮中。

我发愣了很久，突然惊醒过来，然后跑去找我的婶婶，我说："刚刚那个女生是我的同学，可是我忘了告诉你要给他们一个便宜一点的价格了。"

婶婶说："他们这些外出打工的年轻人，回家结婚置办嫁妆，就是想图个好彩头，他们不会计较这几十块钱的，要是你不愿意把质量好的东西给他们，她会觉得你以为他们买不起，那样伤了心情，让客人不高兴不是我们做生意的真谛。"

我点点头。

而后我又加了一句："可是她跟我一样的年纪啊！她怎么这就可以嫁人了呢？"

婶婶一字一句地回答我："你所看到的，仅仅是你认为的人生路上的规划行程，比如上初中、读高中、考大学、出来工作，挑一个喜欢的对象先谈恋爱，然后再结婚，但是你要知道，不是所有人都能走这条路的。

"生活是有风险的，有些小孩是自己不喜欢上学了，有些小孩是被迫家里没有条件无法上学了，有些人是有的选的，有些人是没得选的，但是大家都是顺应着当前的状况作出选择，就像你现在是知道你想考上大学，但是你从来不知道你会去哪个城市，然后又遇见什么样的人对不对？"

我于是问："那这样的生活多恐怖啊！我不要，我不要那么早就体验社会的生活，我还想待在校园里要比较单纯的生活。"

婶婶说："生活由不得你自由选择的，你只能在仅有的条件下作出选择，比如你升学考试得先考出一个比较高的分数，然后才有资格选择你比较喜欢的高中对不对？"

这段对话就结束在这里了，说完这番话的时候，婶婶又裁好了一件样衣。

当时那个年纪的我，只能体会婶婶这番话的表面意义，我只是记得那个下午已经是赶集的尾声了，店铺门口街道上的行人依稀减少。

这时候，那个大妈回来了，嗯，就是之前徘徊在摆摊前面不愿意离开，又觉得枕头太贵不愿意买的那个大妈，她估计是觉得之前不好意思，于是假装是第一次来这里，然后问："这个枕头多少钱啊？"

我婶婶笑脸迎了上去，说："阿姨您也逛回来了啊，要不要先进来休息一会？"

大妈被戳穿了，但是婶婶给了她一个很好的台阶下，于是她开始夸奖起来，说："你们这里真是热情好客多了，我去了其他店铺问起枕头的价格，让他们便宜一些，他们都对我爱理不理的，反正价钱都是一样的，我就愿意走回来到你这里买，给你衬托生意。”

婶婶帮忙打包好两个枕头，然后送满意乐呵的大妈离开了。

我问婶婶：“你怎么就能确定她一定会回来我们店里买呢？”

婶婶说：“小地方的人都是比较斤斤计较的，一个枕头30块钱，她开价要30块一对，这根本就是无理取闹的讨价，去到任何店里都不会受到欢迎的，她就是要做出一番‘我是买家，我可是有资本货比三家的哦！’的自豪感，那你就迎合她的自豪感，让她去其他店铺货比三家一下。

“人都是这样的，见到西瓜就丢了芝麻，但是永远都是以为前面会有更好的西瓜，所以总是对当前的状态是不满意的，这样的人你就让她去试错就好，市场价格会给她作出判断的。

“而且最重要的是，她一直赖在我们店铺门口不走，当时正是集市的热闹高峰期，这得多影响我的生意啊！从大格局上来说，我愿意放弃她这样一个成交机会，先把她送走，这样才能维持我店铺的成交率。”

婶婶说：“这就跟肿瘤一样的，你得果断判断是良性还是恶性，不要拖拉，即刻下决心拿掉，不值得为这点小收入影响大生意。”

当时我理解这番话的意义，也是止于表面上的体会，因为那个时候我的婶婶的确是在前几年得了乳腺肿瘤，她医治了两年多的时间，后来才慢慢调理过来，所以我以为她只是仅仅跟我阐述她的生活经历而已。

十几年过去了，婶婶的店铺越做越大，也成了我们小镇上富甲一方的人物，虽然算不上大富大贵，但是她一直是家里的主心骨，我们周围的一众亲戚只要有了生活难题，都会向她请教。

我回忆起那个寒假在婶婶店铺里的那些日子，她给我讲述的那些看似无用的话，其实全都是人生哲理啊！

周末的时候家里有大学同学来访，这个男生也是一个创业者，于是我们自然聊起这个过程中的一些琐碎事情，他说起自己初期建立团队的时候，一个人找办公室，办理各种手续，上招聘网站发布消息，24小时都在打电话求人过来面试，所有的压力重重袭来，有时候都开始怀疑这个奋斗过程的意义是什么。

如今他的创业团队也有了一定的规模，各部门分工明细，有员工负责那些琐碎的事情，于是他现在的主要任务就是在管理角度上去培训员工，说白了就是要跟员工讲述情怀，来维持他们积极向上的工作情绪。

聊起这一点的时候，他说自己现在的压力相对而言没有之前那么大了，我开玩笑问了一句："那你现在作为领导人，给员工洗脑的本领是不是特别牛啊？你又是怎么学来这些的呢？"

他于是回答说："你还记得吗？大学的时候我误打误撞进到了一个叫作安利的组织……"

哈哈！

还没等他说完，我就开始狂笑不止，话说这个神奇的组织，当年对于我们的魅力可真是不亚于如今的陈安之励志鸡汤啊！

男同学说，他当时没有放多少时间在校园社团上，于是进了这个组织，他是个穷学生，没有钱买产品做代理，于是他就天天跟着那帮打鸡血的所谓"战友"一起去听课，看舞台上的人激情四射，配合着《我的未来不是梦》的背景音乐，为你讲述"日进斗金不再是梦！"巴拉巴拉的口号，然后开始听身边的那些大人做自我介绍，讲述成就伟大一生的宣言。

他告诉我："虽然那个时候我不知道听这些东西有什么用，我知道这个东西不大现实，但是我就想提前了解一些这个社会的多面化，可是就是在这个过程中，我渐渐摸索到了该怎么把握一个点去说服别人，怎么言简意赅地引起别人的注意，怎么组织语言把一个道理推心置腹地让对方接受，然后再来下一步的高潮叠进……”

如今想来，到了这个学习任何知识都需要付出时间跟经验积累的职业人时期，培训这件事情对他而言居然就变成了一件轻松至极的事情！他没有多厉害的职场经验，可是他就是很会打动人，这一点用在他跟自己员工的管理上，对他而言简直是一件如虎添翼的事情。

就在我还在“脑补”男同学参加安利组织那些宣讲会的搞笑时刻，他突然说了一句：“达令你知道吗！生命中所有的经历都是有用的！这是我的真心感受！”

说者无心，听者有意。

就是这句话，让我开始反思，生命中那些对我有用的经历的相关回忆，倒推回小时候，我记忆最深刻的，就是那个不长不短的寒假，我在帮这个婶婶打杂的那些日子。

我的婶婶很普通，可是她又很不普通，她算是在我的家乡小镇上活得很明白的人，她跟我的叔叔都是体制内的上班族，然而她觉得夫妻两个人上班，虽然很是体面，但是她总觉得自己没有安全感，于是她不顾亲人的反对，辞去了体制内的工作，开始去做学徒学习做衣服。

攒了一点钱之后她开始自己开店，给别人定制衣服，店面做大了就扩大其他的买卖，开始卖床上用品，她知道小地方上的人不太懂品位这件事，所以物美价廉的货物更能畅销。

她知道自己只擅长做这一门类的生意，所以后来其他同行业的伙伴劝她一起改行去做餐饮等其他事情的时候，她果断地拒绝了，她总是谦虚地说自己只是个小生意人。

患了肿瘤那几年，她果断把店铺关门，然后全心全力去治病、休息，家人劝她把店面转租出去，这样可以有收入来源，可是她说万一别人把她那个店铺的名声做烂了，这个是将来花多少钱都挽回不了的事情，所以她也果断回绝了。

果然，后来她病好了重新开张，生意比以前更加红火了。

她也曾经有过婚姻问题，因为叔叔觉得生活过不下去，太无聊了，提出想跟她离婚，结果发现房子、车子，一切都是婶婶的财产，更重要的是，连我叔叔的家人都站在支持婶婶这一边。

没办法，离婚没有成功。

几年过去了，叔叔每次来我家做客，都会说婶婶是个好老婆，要是当年不小心失去了她，那得是后悔的一件事。

婶婶是个懂大道理的人，比如当年关于我那个早早出嫁的女同学，她告诉我人各有命，但是要学会在眼前所能拥有的条件下，尽可能地掌握人生的主动权；

比如关于货比三家的那个大妈，她告诉我很多人都是费了很大精力投入一些小物件上面，她叮嘱我精打细算过日子不是坏事，但是千万不能因为斤斤计较而因小失大……

至于关于做生意的那些顾客心理揣摩，基本上就决定了我如今的交际价值观。

比如放弃一些不确定的人际关系，重点经营一些大客户人际关系；

比如对于态度不好的人没有必要放在心上，因为他可能针对的是你这个枕头很贵不开心，而不是针对你这个人而不喜欢你；

比如生命中所有的人都是过客，能结交上一份友情就珍惜，如果没有也不要耿耿于怀，纠结于自己有没有错过些什么，因为你永远不知道下一个西瓜会更大还是更小……

嗯，生命中所有的经历都是有用的，一个远房婶婶的普通生活逻辑，就足够给我这些思考成长了。

对于那些后来成长岁月里更多的经历，尤其是遇上难题的时候，我虽然一样有压力，一样会惶恐不安，但是我内心价值观那根深蒂固的定海神针，就成为了我最后的承受支撑。

我开始明白这些考验的到来，总是会有原因的，即使当前此刻我得不到解答，但是一旦我开始把它当成是一场功课在修行，这种状态即使对于改变困难的本身没有任何好处，但是对于我内心的淬炼而言，绝对是神奇巨大的力量。

有很多人给我留言，说我们这些成长于小地方的孩子，没有那些机会去见很大的世界，没有办法从小就修炼出一份平常的心态，我该怎么让自己获得更多的内在力量?

我的回答是，从你眼前的格局里，找到你觉得相对而言还不错的成功者，然后学习他们身上可获得的部分，拿来用以滋养自己的雨露，等你的阶段再高一点了，你遇上更大的世界、更有意思的人了，那你的雨露就更加有营养了。

此刻回头，我觉得我的婶婶也算不上励志榜样了，但是不可否认的是，在我那个懵懂而幼小的青春岁月里，在我那个甚至连价值观都不知道是什么概念的年纪里，她就是我那个阶段生命里的大人物。

生活从来没有变得更好，只不过是我们自己变得越来越从容罢了。

乐观地对待人生的每一次挫折

一天，一位律师到英国国家船舶博物馆参观，以调节他失意的心情。当时他刚打输了一场官司，委托人也于不久前自杀了。尽管这不是他的第一次失败辩护，也不是他遇到的第一例自杀事件，然而，每当他遇到这样的事情，总是有一种负罪感。他不知该怎样安慰那些在生意场上遭受了不幸的人，那些人有的被骗，有的被罚，也有的因打输了官司，落得债务缠身。

当他在国家船舶博物馆观看那些旧船时，忽然被一艘经历不凡的船吸引住了。这艘船原属于荷兰福勒船舶公司，于1894年下水，在大西洋上曾138次遭遇冰山、116次触礁、13次起火、207次被风暴扭断桅杆，然而它并没有沉没，英国劳埃德保险公司基于它不可思议的经历，将这艘船体变形、创痕累累的船从荷兰买回来捐给国家。

这位律师看到这条船后，产生了一个想法：为什么不让那些生意场上的失意者来参观参观这条船呢？于是，他就把这艘船的历史抄下来，和这艘船的照片一起挂在他的律师事务所里。每当商界的委托人请他辩护，无论输赢，他都建议他们去看看这艘船，自此，在他的委托人中，再也没有发生过自杀事件。据英国《泰晤士报》说，截止到1987年，已有1230万人参观过这艘船。

我们的一生，也可以像那艘不沉之船一样，勇往直前。只要我们不放弃希望，乐观地对待人生的每一次挫折。

有一个人把自己多年的积蓄以及全部财产都投资到一种小型制造业上。

由于对变化无常的市场把握不当，再加上前几年原料价格不断上涨等原因，他的企业垮了。而此时妻子又从原来的单位下岗，他处于绝境之中，他对自己的失败、对自己那些损失无法忘怀，毕竟那是他半辈子的心血和汗水。好几次，他都想跳楼自杀，一死了之。

一个偶然的机会，他在一个书摊上看到了一本名为《怎样走出失败》的旧书。这本书给他带来了希望和重新振作的勇气，他决定找到这本书的作者，希望作者能够帮助他重新站起来。

他找到那本书的作者，讲完了他自己的遭遇时，那位作者却对他说："我已经以极大的兴趣听完了你的故事，我也很同情你的遭遇，但事实上，我无能为力，一点忙也帮不上。"

他的脸立刻变得苍白，低下了头，嘴里喃喃自语："这下子彻底完蛋了，一点指望都没有了。"

那本书的作者听了片刻，说："虽然我无能为力，但我可以让你见一个人，他能够让你东山再起。"

他立刻跳起来，抓住作者的手，说："看在老天爷的分上，请你立刻带我去见他。"

作者站起身，把他领到家里的穿衣镜面前，用手指着镜子说："这个人就是我要介绍给你的人，在这个世界上，只有这个人能够使你东山再起。除非你坐下来，彻底认识这个人，否则你只有跳楼了。因为在你对这个没有充分认识以前，对于你自己或这个世界来说，你都将是没有任何价值的废物。"

他站在镜子面前，看着镜子里的那个满脸胡须的面孔，认真地看着。看着看着他哭了起来。

几个月之后，作者在大街上碰见这个人，几乎认不出来了。他的脸不再是几十天没刮的样子，脚步也异常轻快，头抬得高高的，衣着也焕然一新，完全是一个成功者的姿态。

他对作者说："那一天我离开你家时，只是一个刚刚破产的失败者。我对着镜子发现自己也不愿意看到这么颓废的自己，我要改变。现在我又找到一份收入很不错的工作，妻子也重新上岗，薪水也很可观。我想用不了几年，我就会东山再起。"

一个人如果懒于行动，容易退缩，并且在困难中日益消沉，那你追求的就不是成功，而是失败了，因为我们把失败当作了终极，在这儿止步不前，将是我们一生的失败。

用乐观的心态去勇敢地面对吧。快乐是一种心态、一种情绪。这种心态和情绪与挫折和失败无关。如果天下的人们，用鲜花铺满自己心灵的春天，用快乐填充自己的平常生活，一个脚印接着一个脚印地走，那么每一个脚印都是一首成功的歌！

别找借口了，你不就是害怕吗

前段时间和几个朋友去滑雪，我“勇夺”摔跤“数量”“质量”两项第一。其实会滑冰刀的我平衡感应该还是不错的，而雪板又宽又长，还算稳当，从只有几度或十几度的坡道学起也不算很难。

但每到坡道中间加速，我就会感到害怕。就算实际上并不快，前面没有障碍物，也没人撞我，自己也没有失去平衡，但就是怕摔、怕撞、怕停不下来，于是扔掉雪杖一屁股坐在地上。

这样其实是把自己置于更危险的境地：就像高速公路上随意在行车道停车一样，后面的人一个个嗖嗖地从身边飞过，一不小心就会被撞个人仰马翻。

而同行的其他朋友，同样是第一次滑，就算一时没控制好速度，只要不害怕、不慌乱，坚持压紧雪板继续滑，到平地上也很快就自然减速平稳停下了。

很多时候，击倒我们的只不过是自己的恐惧心理。

有个同学一直想申请去某国的交流项目，但看到要求比较高、考核流程非常严格就害怕了，“我从来没有海外经历，也从来没用英语参加过面试，去了肯定也是炮灰。”踌躇了一阵，她还是“恰巧不小心”错过了递交申请材料的时间。

当结果公布，她忍不住打听了一下，后悔不迭。因为最终这个免学费、包机票、每月还给1000多欧元补助的项目要两个人，却只有四个人报名，其中有一个不符合申请条件，一个因为有事没去参加面试。剩下的两个人，不管是否优秀，都毫无竞争压力地轻松过关。

很多考验，第一关永远是勇气。只有先闯过这一关，才华、能力、品性才有机会展示于人。

电影《少年派的奇幻漂流》里说："恐惧是生活唯一真正的对手，因为只有恐惧才能打败生活……恐惧永远都源自你的内心。"生活给了我们无数种害怕的理由：竞争对手很厉害，世界很残酷，时间太紧张……但是只有自己内心的恐惧才会真正阻挡你、击倒你。

我们到底在怕什么？怕滑雪时摔倒？可是因为恐惧而干脆提前倒下就好很多吗？怕自己没有经验？可是，如果永远不迈出去第一步，怎么会有所谓的经验？怕申请时通过不了？可是就算通过不了，损失的也无非是准备材料所花费的精力和时间，最多还有面试时候的几分钟尴尬，与结果公布时的一点失落感，可这些，真的那么重要吗？

也许我们还没有完美到自认为无瑕的程度，没有底气、没有胜算，所以做不到"艺高人胆大"。可是真的是只有"艺高"了人才"胆大"吗？我又想起一个故事。

小时候有个小伙伴，要说唱歌的音准和音色并不比普通人好太多。只是，当老师问谁愿意上台给大家唱首歌的时候，他高高地举起了手，然后在大家赞许的目光中走上了讲台。尽管唱得也并不是特别动听，甚至个别地方还破了音、走了调，但仍赢得了掌声。

更为关键的是，这从此成了他的一个"标签"。一有什么需要露脸的、领唱的活动，老师和同学第一个都会想起他来，他获得的机会和指导也越来越多。后来，就真的把我们甩出了一大截。

人不是因为是最好的才勇敢，而是因为勇敢了才会成为最好的。

我不够完美，我还没准备好，我配不上，我怕他们笑话我……可是谁又规定了只有万事俱备才能迈出第一步？当你彷徨不定、心存忧惧的时候，缺少的可能只是一个充满勇气的自己。不管生活给你的是阳光花海还是陷阱荆棘，只要你还勇敢地走下去，一切皆有可能。

嘲笑不可怕，可怕的是你因此而放弃了自己的梦想

在生活道路的选择中，并没有一个绝对正确的标准答案。人们总是喜欢依照常理行事，但是有那么一部分人，他们前进的道路和大方向相背离，他们的理想也不是通过常规的途径实现。

当别人断定非常不可行甚至完全不可能时，有人还在坚持着自己的步伐。但是最终，你会发现，常常是他们，才能取得意想不到的成功。

[在每一个挫折下都不服输]

当林娜双手接过录取通知书时，她内心涌动的喜悦和激动，恐怕不是任何人能够理解的。

林娜没上过高中。初中毕业时，她妈听说女孩子上高中很辛苦，要是最后考不上大学，一样还是不能转城镇户口，就做主替她报考了当地的一所职业学校。虽然林娜知道自己的成绩不是很优秀，但还是十分不服气。特别是每次听到读高中的同学谈到将来要去北京、去上海上大学，林娜就感到很悲哀，觉得自己的将来已经没有什么想象的空间了。

所以，当林娜看到某大学招收自费生的宣传单，立刻像发现了救命稻草一般。当时，她刚刚从职业学校毕业，准备到一家酒店工作。

“我也能上大学了！”这突如其来的好消息，美得她一连好几天都晕乎

乎的。林娜甚至连宣传单上的“自考部”是什么意思都没弄清楚，就迅速办好了相关手续，登上了北上的火车。对她来说，上大学，就等于点燃了她那些曾经熄灭的梦想，她又可以设想自己在大城市里的美好未来了。

林娜在新生军训里十分刻苦。她一遍一遍地围着操场，重复着乏味的齐步走换跑步走，再跑步走换齐步走。奇怪的是，她一点都不觉得辛苦，反而感到有那么一点自豪，似乎这些不过是新的美好生活即将开始的一曲小小前奏。

但是，比根本听不懂的数学课还要令她痛苦的是，林娜逐渐明白了为什么在同一个学校里其他学生总是用一种异样的眼光看她。原来，像她这样的“大学生”和真正的“大学生”还是不一样的；她所就读的“大学”，不过是一个自学考试的培训辅导班，只是临时租用了这所名牌大学的教室而已，甚至有些代课老师本身也只是在校的研究生。

自考就自考吧！不管怎样，还是来到大城市了，林娜心里坚持着。她开始远离平日里沉迷看电影和谈恋爱的同学，只结交那些和自己一样志同道合、希望早点拿到学位的朋友。

遗憾的是，第二年春天，林娜报考的五门科目中，得分最高的也只有57分。而正在这个时候，平日里不怎么露面的班主任，正抓紧时间向大家布置重要的假期作业——回家乡招生，每成功为校方招来一名新生，将得到1000元的奖金！

原来，这就是当初馅饼砸到自己头上的原因啊！林娜一个人在这座城市最繁华的几条街道里漫无目的地晃悠。她扶着过街天桥的护栏，俯视脚底下飞驰而过的各式各样、大大小小的汽车。忽然想起，自己在没来这里之前，好像只见过红色的夏利。唉！她是真的喜欢这个高楼林立的现代化城市啊！

秋天，林娜和许多觉得被骗了的同学一起，搬出了那个所谓的学校。但她并没有回家，而是揣着下一学年的学费，在市郊租下了一间12平方米的小屋子。虽然上大学的梦想暂时破灭了，但林娜要留在这座城市生活的决心却更大了。

好在凭着以前上网游戏的一点经验，林娜发现自己学习基本的电脑操作还不算困难。她用了半年的时间，先后通过了国家计算机的二级、三级考试，还拿下了几个微软的操作系统的认证证书。

正好，这时有一家不知名的漫画图片社招聘美术编辑，林娜就凭着自己初中时学过的那点绘画技巧，抱着自己的几个资格证书和初中毕业证，愣头愣脑地面试去了。虽然结果人家只跟她签了一个无期限的试用合同，薪水很低，还没有任何保险，但是，总归不用再在电脑城里卖配件，也不用继续在打字室里按照每千字两块六的价格打字，林娜还是蛮开心的。

现在，林娜不管是手绘，还是电脑处理的技术都早已达到专业水平。目前，她在一家网络公司工作，平时还给广告公司做图片，各项收入加起来，已经足够支持她像这座城市的任何一位出入写字楼的白领女性一样生活。

[在冷嘲热讽下追逐自己的梦想]

当年，田宇的鼎鼎大名，在我们材料系，不对，应该说在全校范围内，几乎无人不知，无人不晓。只因为他的臭美，爱出风头，以及不务正业。

我是在大一参加话剧团活动时认识田宇的，后来一直和他维持着点头之交。那个时候，还没觉得他和别人不一样。新生嘛，好不容易结束了高中的无聊生活，多的是跑到各种社团里胡乱蹦。不过一般情况下，大家都是大一的时候特别积极；到了大二，没能当上个头头脑脑的，全都自动离职；至于大三以后，考研的考研，找工作的找工作，还有几个人会拿出精神忙乎这些呢。

可田宇不是这样，他就喜欢把时间花在类似于排话剧、练合唱这样“没用”的事情上。甚至在大三的时候，还厚着脸皮和一帮大一的小孩子一起，参加学校的卡拉OK校园歌手大赛。

听他们班上的男生说，田宇总觉得自己会在娱乐界大有前途，将来不是刘德华也是黎明，所以异常迷恋上台的感觉。顺便说一句，那时候还没有像今天“超女”那样热闹的全民选秀活动，整天涂着发胶，穿着黑色夹克装酷的田宇，在当时的工学院里绝对算得上是一个另类。

不过，身边有了这样一个风云人物，我们的日子倒是变得有意思了许多，大家都喜欢茶余饭后聊一聊田宇的“丰功伟绩”。比如，他逃课一周去南方的一家电视台参加明星脸比赛，没进决赛就灰头土脸地回来了；再比如，他给某饮料广告模特征集处投的艺术照，正好和几个美女的照片印在一起，简直就是现代版的美女与野兽了。

当然，为了显示自己的“正常”，我们每个人都有意保持着使用一种调侃的语气，最后还不忘加上一句：“哎呀，明星梦，十四五岁做一做也就算了，这么大的人了，还不现实一点儿。”如此等等。

不过田宇一直也没有弃暗投明，没向我们这些在“正途”上前进的大部队积极靠拢，他在大学里的后两年几乎没什么朋友，日子一直过得很孤单。印象中，我每次在校园里见到他，不管是在教室、广场还是图书馆，他都是一个人独来独往。有时候，真想问他一句，这样坚持一个遥远的梦想，辛不辛苦？值不值得？可一想到人家跟你又不熟，顿感这个念头实在多余。

大四那年春末，学校附近的马路两旁挂满了田宇的照片——他作为男模给一家婚纱摄影中心拍了一系列的广告画。这样也好，虽然他没有和我们一起吃散伙饭，但我们在离开学校的时候，透过公交车的玻璃窗，抬头就能看见他的笑脸。

直到前不久，我无意中在电视上看到了田宇，他参加的是中央二套的

《挑战主持人》节目，身份是中戏表演系的学生，还是这个栏目卫冕三周的冠军！

我连忙打电话准备向老友们散布这个大消息，却被告知："这早就不是什么新闻了，不信你上校友录看看，'田宇粉丝大联盟'的点击率可不低啊。估计再过几年，人家就该成为咱们学校名人录上的一位了！"

这个时候，我们才都承认，当初那些明里暗里对田宇说过的冷嘲热讽的话，不过是因为我们自己没有实现梦想的勇气，对他羡慕和嫉妒罢了。

勇敢战胜人生的苦难

[1]

那时，正处在人生挫折期的他，请教一位长者，如何去战胜人生的苦难？

长者说："看看旷野中的树吧，看懂了它们，就知道如何去战胜人生的苦难了。"

他看着旷野中的树，可并不能看明白什么。

长者说："在烈日下，在冰雪中，树有房子为它们遮日御寒吗？在风暴中，在雷雨中，树可以拔腿就逃吗？不能，树没有房子，没有腿，它们无法回避，无法逃离，它们只有独自承受，独自与苦难抗争，正是这种对苦难的承受和抗争，使它们变得更加坚忍和强大。也许，这就是树能活上千年而人难以活过百岁的原因吧。"

当他再去看那些旷野中的树，看着那些没有房子没有腿的树时，似乎明白了许多。

[2]

邻居家的房前有两棵树。为了方便晾晒衣服，邻居在两棵树间挂了一根铁丝，铁丝的两端分别在两棵树的树干上各箍了一圈。

随着树干的长粗，铁圈越箍越紧，慢慢地勒进了树里。再后来，铁圈越勒越深，树干被勒出了一圈深深伤痕。到最后，铁圈竟完全长进了树里，看不见一点铁圈的痕迹，只是在树干的表皮留下了一圈淡淡的疤痕。那时，每次我看到这两棵树，我就担心它们会不会被铁圈勒死。可一直到现在，这两棵树不但没有被勒死，反而越长越高大，越长越枝繁叶茂。

随着我年龄的增大，随着我对生命和苦难理解的加深，我似乎明白了其中的一些道理。对于这两棵树来说，当它们无法摆脱苦难（铁圈）时，它们就用生命去包容苦难（铁圈），把苦难（铁圈）“长”进生命里，把苦难（铁圈）看成是自己生命的一部分。

当我们无法回避苦难时，去学会像这两棵树那样，去正视苦难，去用生命包容苦难，把苦难“长”进生命里，把苦难看作生命的一部分，这不仅有利于我们生命的成长，而且还会让我们一路走向坚强。

[3]

很多甘甜的果实，其果核却是苦的。

一颗苦涩的核，为什么能拥有甜美的果肉呢？

直到我读到一位诗人的诗句，才有所启悟。诗人说，每一颗珍珠，都有一粒痛苦的内核。

诗人的话，让我想起了小时候。那时，见圆圆的珍珠，像是一粒粒种子，于是，便把珍珠作为种子种进地里，并不断地给它浇水、施肥，祈望它长出一棵珍珠树，结出满满一树珍珠果。而母亲告诉我，珍珠不是地里种出来的，不是浇水浇出来的，不是施肥施出来的，不是关爱呵护出来的，而是蚌经受千般痛苦，用生命的心血把一粒粒制造苦难的沙子变成了一颗颗闪光的珍珠。

对珍珠来说，那粒痛苦的内核，就是给它灾难、给它不幸、给它泪水的沙子。但你再看看珍珠的表面，像不像一张灿烂的笑脸?

哦，我明白了，当你用欢笑包容泪水，用快乐包容痛苦，用喜悦包容忧伤，你就能成为一颗光彩夺目的珍珠，成为一枚甘甜美丽的果实。

即使翅膀断了，心也要飞翔

我们在实现理想的旅途上，以青春的名义，认可了许多教科书用散文诗一般的语言描述的规律：道路是曲折的，明天是美好的，有时候，我们容易忽略书中对“曲折”的轻描淡写，而才对“美好”的憧憬，那是因为我们不愿自己的人生走向悲剧，不愿去想象自己的理想化为泡影。而实际上，选择是错误的。

在我们确立理想目标的时候，有许多别的事情更需要我们去研究，而最需要研究的，我想应该是失败。

对于失败的理解通常是这样的：自尊、金钱、社会地位等的损失或是学业、事业上的不成功或者自己所指望追求的目标没有如愿以偿。有一种失败是表面的，后者是内在的。

中国姑娘桑兰的故事大家都听说过，体操比赛中，她本来还是一个有望夺魁的选手，十几分钟后，却面临着终身瘫痪！这是第一种失败。

遭遇失败是成功的开始，是性格成熟的起点，桑兰现在还是坚强地活得很精彩，所以，外在的失败并不可怕，可怕的是我们人性深处的懦弱、内心的失败，迈入新世纪的人们，成天嚷着要“做强者”，实际上心灵深处都有是非常脆弱的，原因不是因为孩子没有考上理想的中学、自己的生意又亏损了、家人的不谅解……而是辛勤努力之后，收获的总是失败。

虽然别人没有嘲笑自己，但自身却怎么也无法面对。渐渐地没有勇气，也渐渐地失去希望。所以，真正使一个人成为失败者的，不是别人，而是自己！

当我们失败的时候，总会抱怨现实的不如人意，自己越是有理想，越是有追求、有目的，失败就越会像影子一样跟随身后，其实失败是人生的一部分，不可避免地出现在我们的生活中，但我们不能因为小小的困难而产生失败感，不能自认为是一个失败者。

雨果说："人生下来不是为了抱着锁锟，而是为了展开双翼。"再勇敢地往前走一步，可能就是转机，再勇敢地往前走一步，也许又是失败，但一个真正的勇士总是在不断地前进，直面自己的人生。

司马迁忍辱负重，忍受宫刑后带来的极大耻辱，终于完成了《史记》这样被誉为"史家之绝唱，无韵之离骚"的宏伟名著；贝多芬右耳失聪却登上了音乐的巅峰；柴可夫斯基最著名的《罗密欧与朱丽叶》序曲，是在他未婚妻利希·阿呆离他而去，给另一个男人，他最痛苦的时候完成的。

有太多的人面对失败而落泊，又有多少人能化失败为力量，一鼓作气地站起来。还是张海迪说得好："即使翅膀断了心也要飞翔。"对于弱者来说，细小的失败都像越高山，而对于强者来说，天大的困难也如过平地。

生活是一场恶斗，绝望的绝望就是希望，失败的失败就是胜利。历史正是这样书写出来的。

我们谁都有黑暗的时光

年轻时，他喜欢上篆刻艺术，登门拜访一位篆刻大师。说明来意，老先生微笑着对他说："这次我先不教你什么诀窍。你先去后院，挑一担石头回家。等这担石头变成泥浆，你再来找我。"

回家后，几位朋友都说篆刻大师不愿教授技艺，才想出这个办法戏弄他。他不理会这些话，夜以继日刻着这堆石头。刻了磨平，磨平了又刻，时间一长，手上起了血泡。血泡破了，钻心地疼；结疤后，又奇痒无比。时间一天天过去，石头日渐减少，地上的淤泥越积越厚。十年后，这堆石头全部化作泥浆。他赶忙收拾行李，再次去往那个心中的"圣地"。

老先生见他满手老茧，轻轻捋了捋胡须："年轻人，所有技巧和诀窍，都已融化在这堆石头中。我再没有什么可以教你了，相信未来你一定会取得比我更大的成就。"此后，他几十年如一日，不曾有一日松懈。他刻的印雄健、洗练，达到了炉火纯青的境地。后来，经常有晚辈后生请教他，他也把当年的故事告诉他们，并指了指地上厚厚的那层污泥。他是齐白石，一位中国近现代美术史上影响深远的泰斗级人物。

一般人都追求"四两拨千斤"的效果，殊不知能拨动"千斤"的"四两"，必须首先具备千斤之力。所谓的诀窍、秘诀，也是建立在千锤百炼、不断积累的基础上。齐白石的努力和勤勉，造就他在绘画篆刻方面的造诣。

2015年7月，游泳世锦赛正在俄罗斯喀山市如火如荼进行。花样游泳世界大赛上，首次出现男性身影。他和同伴琼斯搭档，获得首枚世锦赛花样游泳混双金牌。

10岁时，他和姐姐一起参加学校游泳课，此后姐姐还要去学花样游泳。他只能呆呆站在池边，眼神中带着落寞。教练发现这个男孩，让他下水试试，这一试不要紧，这么有灵气的孩子，不留下来怪可惜的。他就这样一脚踏进花样游泳的世界。他练得极其刻苦，几年后便跻身优秀运动员水平。

他多次申请参加泛美运动会，得到的回复是“不可理喻”。至于花游锦标赛、游泳世锦赛、奥运会，更是可望而不可即。他没有放弃这份最爱，每天坚持高强度训练，不断打磨技术动作。家人很不理解他，这么练有意义吗？男性不可能进入花样游泳世界大赛的舞台，这几乎是板上钉钉的事实。他就这么傻傻地练着，一晃十年过去。

上天终于把“迟来的奖金”送到他手中。2014年底，国际泳联决定，在喀山世锦赛上增加花游混双项目。为了参赛，他加大训练强度，常常练到手脚抽筋，还有一次韧带撕裂。他是个精益求精的人，每个动作不允许有任何瑕疵。经过近半年魔鬼训练，他踌躇满志地来到喀山赛场。

比赛结果扣人心弦，他和搭档琼斯以0.21分的微弱优势，战胜赛前被视为夺冠热门的俄罗斯组合。看到大屏幕上的分数时，眼前闪过20多年来的训练场景。这天他已经等待太久，好像是个做了很久的梦，今天终于梦想成真。他为自己设定的新目标，是参加奥运会花样游泳比赛。如果2020年东京奥运会有混双项目，他要坚持到那个时候。他就是比尔·梅，首位男性花样游泳比赛冠军。这个专属女性的项目中，他以勇气和毅力占据一席之地。

齐白石和比尔·梅的经历，让我想到管理学中的蘑菇定律：长在阴暗角落的蘑菇，因为得不到阳光又没有肥料，面临着自生自灭的状况。只有长到足够高、足够壮，蘑菇才被人们关注，事实上它已能独自接受阳光雨露。任何人在成长过程中，都有过这样的蘑菇期。就是在这段炼狱般的日子，很多人会抱怨，进而选择放弃。但蘑菇期是每个人成长不可或缺的阶段。只有修炼好内功，才让自己有底气去迎接那份“迟来的奖金”。

不在顺境中得意，但要在逆境中微笑

用微笑面对我们遇到的严重困境，用豁达的心态面对我们遭遇到的一切打击，那么，所有的困境和打击都会在我们的微笑面前低头。

有这样一个故事。百货店里，有个穷苦的妇人，带着一个约4岁的男孩在转圈子。走到一架照相机旁，孩子拉着妈妈的手说："妈妈，让我照一张相吧。"妈妈弯下腰，把孩子额前的头发拢在一旁，很慈祥地说："不要照了，你的衣服太旧了。"孩子沉默了片刻，抬起头来说："可是，妈妈，我仍会面带微笑的。"

听完这个故事，我们已被那个小男孩简单的话感动得泪眼盈盈。试问一下，如果在生活中，我们每个人都像那个小男孩一样贫穷、衣衫褴褛，甚至一无所有，我们会像他一样从容、坦然、开怀地微笑吗？我们相信，在这个世界上，没有任何一样东西能比一个灿烂开怀的微笑更能打动人们的心。

无论我们身处何方，也无论我们身兼何职，也无论我们此刻陷入了多么严重的困境或遭到了多么大的挫折和打击，我们都要用微笑去面对一切。那么，一切的不幸和困惑都会屈服在我们的微笑之下。微笑是人类最简单、最易懂的语言，它能消除人与人之间的隔阂，可以化解人与人之间的坚冰。我们的一个微笑也可以抚慰自己的心灵，让生活充满了阳光雨露。

既然我们知道挫折、困境，甚至不幸的遭遇是人生道路上所不可避免的，那我们为什么不能坦然乐观地去面对这一切，让我们的灵魂始终微笑呢？

自强不息是我们生命中蕴含着的不可阻挡的力量。这种力量会使我们人生中所有的苦难如轻烟一般随风飘散，然后彻底地消失。

记住，尽量消除或减少一切的消极和悲观情绪。每天，都努力在你生活的周围去寻找让我们开心和快乐的事情。

只有在绝境中仍然抓住快乐的人，才能真正领悟到快乐的真谛。

生活中的种种困境和不幸对我们造成的挫败感是否像乌云挡住太阳一样遮住了视线，让我们看不到光明。如果我们试着换个角度去看待这个世界，就会惊奇地发现，世界一片光明，大自然充满了生机和活力，生活是多姿多彩的。活着就要享受生活中的一切快乐和痛苦，不要钻牛角尖和自己过不去。

人活在这个世界上会遇到各种各样的事情，或喜或忧，或成功或失败，我们无从选择。我们可以做的只有调整好自己的情绪，遇到任何事情都往好的方面考虑。这样，不但能够帮助我们更好地处理各种问题，更多的是可以获得身心健康，我们又何乐而不为呢？

托尔斯泰在他的散文名篇《我的忏悔》中讲了这样一个故事：

一个男人被一只老虎追赶而掉下悬崖，庆幸的是在跌落过程中他抓住了一棵生长在悬崖边的小灌木。此时，他发现，头顶上，那只老虎正虎视眈眈，低头一看，悬崖底下还有一只老虎，更糟的是，两只老鼠正忙着啃咬悬着他生命的小灌木的根须。绝望中，他突然发现附近生长着一簇野草莓，伸手可及。于是，这人拽下草莓，塞进嘴里，自语道：“多甜啊！”

生命的旅途中，病痛、绝望、灾难、不幸都会不约而同地向我们逼近，而让我们陷入无奈的困境。不知我们是否会像上面这个故事所讲的那样，在危急时刻，还能享受一下野草莓甜甜的滋味？

只有在绝境中仍然抓住一丝快乐的人，才能真正领悟到快乐的真谛。

如果我们在逆境中可以保持理智和清醒，我们就可以因此而更加全面地认识自己的优点和不足。

日常生活中我们常面临工作不得志、情场失意、家人朋友之间的误会等。其实，生活中与人相处的种种情况，就如同冬去春来，冷暖交替的变化。等到一切都烟消云散时，我们才发现，当时的行为举动实在是幼稚、荒唐。但等到下一次类似的事情发生时，我们又一次重复地抱怨、不满，从未想过汲取以前的经验和教训。就这样我们在困惑和清醒之间游移徘徊，从原点开始，然后又回到原点，自身得不到半点的突破和成长。

生活中的逆境就如同大街上的红绿灯一样，偶尔限制我们的前进，让我们停下来做个短暂的休息，顺便看看自己是否走错了方向，这不是一种障碍，而是为了让我们更好地完成我们的旅途。

所以，当我们身处逆境时，我们应该不断自我反省，重新认识自己。因为太多的时候，我们并不能真正地认清自己，我们总是有意或无意地否定自己内心存在着的种种困惑、孤寂和空虚。同时，由恐惧引起的各种不良的负面情绪使我们错失了反省的机会。

人在顺境时的得意是非常自然的事情，但我更希望我们能在逆境中苦中作乐，把自己的心情放平静，去全面地认识那个平常被我们疏忽的自己，从而帮助自己在生活中更好地成长。

你失败的次数越多，离成功的距离就越近

小时候学骑自行车，父亲教导我说，不要害怕摔跟头，等你摔了一百四十多个跟头之后就能学会了。当时疑惑地看着他问为什么，回答说自己就是摔了一百四十多个跟头才学会的。听了这话我哑然失笑。不过等到自己骑上车的时候，虽然没有摔到一百四十次，但也着实吃了不少苦头。

人生也就像是学骑自行车一样的，每一次成功之前，都必须经历很多次的跟头。胜利是失败的积累，这句话总是不假的

有这么一个年轻人，20岁那年他从大学毕业，由于各种原因，应聘过程中曾先后被30多家公司拒绝，找不到工作、心灰意冷的，于是想要当去警察，因为当时凭借大学生的身份考进警务部门应该是件容易的事，但是入围面试的5个人中，又成了被淘汰的那唯一一个。这时他想自己是不是应该从基层做起，先从事一些最基础的工作来磨炼自己，但当他应聘杭州第一个五星级宾馆想做服务员的时候，还是被刷了下来。之后他又和其他23个人一起应聘杭州肯德基，结果在23个录取名单中，唯独缺少的还是他的名字。

这个总与失败结缘的年轻人就是马云，只不过他现在已经不再年轻，随同他的也不再是失败而是胜利。

其实有时候我觉得自己不够胜利，只是因为我失败次数还不够多，就像我想要挖一口井，水层在地下的20米，这时即使我挖到地下19米都是失败，但反过来想一想，如果没有这前19米的失败，哪能获得第20米的胜利呢?

哈伦德山德士先生，直到66岁高龄的时候才获得了事业上真正的胜利。这位全世界第一大快餐连锁店——肯德基的兴办人在66岁之前一事无成，总是一个失败接着一个失败的路途上踟蹰前行。

山德士5岁的时候就失去了父亲。14岁的时候，由于和继父的关系闹得很僵，自愿从格林伍德学校辍学，开始了流浪生涯。先是农场里给人家干杂活，但干得很不开心，不久就被农场主解雇了，接着他又当过电车售票员，也很快就被解雇了。

走投无路的16岁时谎报年龄参了军，想做一名战士，却鬼使神差地被分配在后勤部门，一天也没碰过枪。

一年的服役期满后，去了阿拉巴马州，那里他开了个铁匠铺，但不久就倒闭了。

随后他又在南方铁路公司当了个机车司炉工，非常喜欢这份工作，以为终于找到属于自己的位置，但不久之后经济萧条来袭，再次被解雇了

18岁的时候，结了婚，但仅仅过了几个月时间，得知太太怀孕的同一天，又被新东家解雇了，接着有一天，当他外面忙着找工作时，太太卖掉了所有的财富，搬回了娘家。

一生就是失败的总和，里面充满了生活上、工作上大大小小的1000多次失败。终于有一天，政府的退休金支票寄来了这张105美元的支票向他宣告，老了。

支票附加的信件上对他说了这样一段话：当轮到击球的时候你都没打中，现在不要再打了，该是放弃、退休的时候了。

面对支票和这样一段话，山德士愤怒了、觉醒了，也爆发了不相信自己的人生已经结束，要继续奋斗，就算在失败的履历上再添上一笔他也不在乎。他用那笔钱在加油站旁边开了一间炸鸡店，要再向命运挑战，不过这一次他胜

利了。

很多人觉得自己的人生无以为荣，那很可能他人生中也没有什么值得让人铭记的失败和挫折。一个人只有经历了足够的失败，上天才可能把成功带到面前。因屡次失败而心灰意冷的人们应该振作精神，将失败化作下一次拼搏的动力，也许下一次拼搏所带来的结果仍是失败，但只要你不气馁，总有一次是能够获得胜利的。

曾经有一个新入行的推销员向行业的胜利者讨教胜利秘诀，这些胜利者的回答无一例外，那就是多失败几次，因为失败的次数越多，摸索的机会就越多，尝试错误的方法也同样越多。这样，解的错误方法越多，距离触摸胜利的窍门就越近，就是因为失败的次数还不够多，所以还没有方法知道胜利的秘诀。

一位科学家曾表示自己致力于科学发展55年，只有一个词可以道出艰辛的工作特点，那就是“失败”所以，胜利者既是胜利者，也是失败者；失败者既是失败者，又是胜利者。

人在失败后表现出的接受力和忍耐力，更能体现人生价值，昭示内心的强大。

你不成功可能只是失败的次数还不够多。

笑对人生 各种刁难

生活难免会刁难我们。然而，比刁难更糟糕的情况是，有时候，雨还没有下起来，我们却先自己浇透了自己。

里尔克说，灵魂没有宇宙，雨水就会落在心上。

一个人，若是灵魂不够寥廓，就总会觉得，处处与奸邪恶毒的人狭路相逢。这是因为，越是在窄憋的空间里，丑恶越容易被放大。自我灵魂的通过性不好，就会显得坏人特别多。通过性，其实就是一种包容性，当你盛下了世界，即便偶见一隅的阴风浊浪，在阔大的视野里，也不过是沧海一粟。

生活的刁难，有时候，就像走在短巷中，冷不丁被狗咬了一口。也许要龇牙咧嘴疼上一阵子，但是，当你捂着伤口的时候，要跟自己说，走的路多了，难免是会被咬上一口的。同时，你还要笑笑，因为，你欣喜地看到，这个巷子里有好多狗，它们并没有咬你。

不要期望，身边的每一个人都是你愿意遇见的人，就像不可能永远只活在明媚的天气里一样。碰上阴天下雨，你也得潮湿地过一阵子。这是一种生活的能力，也是成长必须要有的境遇。漫长的人生征途上，即便今天不会刁难你，换一天也会刁难你，即便这个人不刁难你，换一个人也会刁难你。

面对刁难自己的人，刁难自己的事，最好的过法，就是一笑而过。然后，轻松地告诉自己：被刁难，也是生活的一部分。你会发现，因为与自己讲和，任何刁难，都会被化解到不那么锋利。

放开了自己，生活才会放开你。

刁难，总是来自于比自己强大的人，或为强权，或为强势。因为有所顾忌，才有所退缩。实际上，是自我的那颗畏惧的心，逼得自己软弱、孱弱，甚至走投无路。畏惧心，其实是得失心，当你在得失上畏首畏尾，就难免会受制于人、受压于人、受气于人、受辱于人，就会受到刁难。

再强大的陌生人，也不会刁难了你。因为跟你没关系，你可以不必怕。这就是面目狰狞的人，总是出现在你身边而不是在别人身边的缘由。因为，只有身边的人，才会与你有利益关系，有利害关系，你才会被刁难。被刁难，其实不是屈服于谁，而是屈服于某种利益关系和利害关系。

在生命的大幕上，刁难最初似乎是一种伤害，但后来，却成了成全。因为，每一个被生活刁难过的人，知道了怎样与这个世界周旋或相处，也懂得了，生活有时候是一门妥协的艺术。

被刁难的时候，就一笑而过吧。到后来，你会发现，没有比笑着活过，更通达、更通透的活法了。

事情越来越艰难，但你仍需再努把力

生活中，谁都难免会遇到挫折和逆境。看得远的人，往往不会计较一时的得失成败，因为他们懂得人生是一场长跑，开始跑得快的未必最后会赢，坚持到最后的才是真正的胜利。而目光短浅的人往往只为一时的成败得失而忐忑不安、忧心忡忡，这样又怎能有一个良好的心态去迎接命运的挑战呢？

目光短浅的人，一遇到挫折往往就不知所措，很容易放弃，试想，凡事不能坚持下去，成功的大门又岂会轻易地开启？除了坚持不懈，成功并没有其他秘诀。

成功学大师斯维特·马尔登指出：“在所有那些最终决定成功与否的品质中，‘坚持’无疑是你最终实现目标的关键。”

而被誉为“各行各业巅峰战士的终极教练”的安东尼·罗宾说：“在通往目标的历程中，挫折并不可怕，可怕的是因挫折而产生对自己能力的怀疑，从而放弃了目标。”

你自己不怀疑自己，就没有人能够质疑你的努力；你自己不放弃自己，就没有任何事情能够打败你。

1832年，林肯失业了，这显然使他很伤心，但他下决心要当政治家，当州议员，糟糕的是他竞选失败了。在一年里遭受两次打击，这对他来说无疑是痛苦的。

1835年，林肯订婚了，但距结婚还差几个月的时候，未婚妻不幸去世。

这对他精神上的打击实在太大了，他心力交瘁，数月卧床不起。1836年他还得过神经衰弱症。1838年他觉得身体状况良好，于是决定竞选州议会议长，可他失败了。1843年，他又参加竞选美国国会议员，但这次仍然没有成功。他着手自己开办企业，可一年不到，这家企业又倒闭了。

在以后17年间，他不得不为偿还企业倒闭时所欠的债务而到处奔波，历尽磨难。他再一次决定参加竞选州议员，这次他成功了。他内心萌生了一丝希望，认为自己的生活有了转机，“可能我可以成功了”！

他虽然一次次地尝试，却一次次地遭受失败：企业倒闭、情人去世、竞选败北。要是你碰到这一切，你会不会放弃——放弃这些对你来说重要的事情？他没有放弃，他也没有说：“要是失败会怎样？”

1846年，他又一次参加竞选联邦众议员，最后终于当选了。

两年任期很快过去了，他决定争取连任。他认为自己作为国会议员表现是出色的，相信选民会继续选举他。但结果很遗憾，他落选了。

因为这次竞选他赔了一大笔钱，他申请当本州的土地官员。但州政府把他的申请退了回来，上面指出：“做本州的土地官员要求有卓越的才能和超常的智力，你的申请未能满足这些要求。”

接连两次失败，在这种情况下你会坚持继续努力吗？你会不会说“我失败了”？

然而，林肯没有服输。1854年，他竞选参议员，但失败了；两年后他竞选美国副总统提名，结果被对手击败；又过了两年，他再一次竞选参议员，但还是失败了。

在林肯大半生的奋斗和进取中，有九次失败，只有三次成功，而第三次成功就是当选为美国的第十六届总统。那屡次的失败并没有动摇他坚定的信念，而是起到了激励和鞭策的作用。每个人都难免遇到挫折和失败，然而亚伯拉罕·林肯面对失败没有退却、没有逃避，他坚持着、奋斗着。他始终有充分的信心向命运挑战，压根儿就没想过要放弃努力，他可以畏缩不前，不过他没有退却，所以迎来了辉煌的人生。

举重冠军詹姆斯·J.柯伯特常说：“再奋斗一回，你就成了冠军。事情越来越艰难，但你仍需再努把力。只要你持续不断地努力，就几乎能够战胜一切困难，克服一切障碍，完成一切任务。”

生命的奖赏远在旅途终点，而不是在起点附近。你不知道要走多少步才能达到目标，踏上第一千步的时候，仍然可能遭到失败。但成功就藏在拐角后面，除非拐了弯，否则你永远不知道还有多远。再前进一步如果没有用，就再向前一步。很多时候，成功与失败，就在于你是否能够再坚持一下。

远离你的坏情绪

人生和考试很像，

要尽可能地做对题目；

这次做砸没有关系，

下一次就不能再错。

最怕的事情是，

每次有挽救机会的时候，

又选了一个更错的选项。

笑对挑战，失意不失志

普瑞尔是盲文凸点系统的创始人，他生于巴黎附近一个小镇。普瑞尔的父亲开了一家皮革店，他常常带普瑞尔到店里，给他小块皮毛玩耍。

一天，父亲有事要离开店铺，留下3岁的普瑞尔一个人在店里玩。普瑞尔学着父亲平日工作的模样，拿起小刀割皮革，却不幸划伤了左眼，普瑞尔的左眼就这样失明了。祸不单行，后来普瑞尔的左眼发炎，祸及右眼，结果才3岁普瑞尔便失去了用眼睛看世界的能力。

然而，普瑞尔并没有因此变得沉默、郁闷，他仍然像未失明时那样活跃、快乐。他五六岁时也和其他小孩一起去学校上课。

普瑞尔10岁时，老师告诉他在巴黎有一所国立启明青年学院。普瑞尔非常兴奋，请求父亲让他到巴黎读书，父亲答应了。

在巴黎启明青年学院，普瑞尔开始读大凸字（当时专为盲人设计的阅读方式，将字母放大同时凸出纸面，方便盲人以手触摸）的书。不过，由于字母非常大且凸出纸面，一本小书往往有几英寸厚；书虽然十分厚重，内容却不多。很快，普瑞尔便把学院内所有的书读完，且铭记在心。

普瑞尔常常对自己说："一定有方法可以让盲人像正常人一样学习，一定有方法让盲人能更方便地阅读。我一定要找出这个方法来，一定要！"

18岁时，他听说陆军上尉巴比业发明了一种方法，让军人在晚上也能读军令。这个消息引起了普瑞尔很大的好奇，普瑞尔心想："人在黑暗中什么都看不见，怎么能读军令呢？这不是像盲人能看书一样吗？”于是，普瑞尔决心请教巴比业上尉。

几经周折，普瑞尔终于拜会了巴比业。巴比业对普瑞尔的遭遇十分同情，对他的决心更是肃然起敬，他把自己发明的方法详细地告诉普瑞尔。原来他是利用尖刀在纸上刻出点和线，通过不同的排列组合，组成了军令的暗码。普瑞尔深受启发和鼓励，并坚信这个方法便是他一直在找寻的能让盲人读、写的方法。

此后，普瑞尔经常思索如何让点和线在纸上凸出排列。他经过无数次的研究和组合，终于将字母以不同的点和位置组合表示出来，盲人只需用手指触摸这些不同点、位的组合，就可以读出字母甚至文章（以下我们将之称为凸点系统）。

当普瑞尔在巴黎启明青年学院公布这个新方法时，很多人不以为然，认为使用不同字体，无形中会把盲人从正常社会中分化出来。虽然别人冷嘲热讽，普瑞尔却没有气馁，他对这个方法充满信心，并且不断改良打凸点的方法。

普瑞尔20岁时，他的普瑞尔凸点系统正式完成了。他又设计了一些工具，可以用凸点来打字，他打字的速度几乎和一般人讲话一样快，他的凸点系统也能记音符和乐谱，因此盲人也能读乐谱。普瑞尔甚至把莎士比亚及其他古典名著用凸点系统打出来。

这个系统问世时，一般大众都不知它的价值，因此对它毫不重视；有人更报以极度埋怨的态度，因为他们担心原来的大凸字系统会被凸点系统所取代。不过普瑞尔并未因此放弃努力，仍继续热心地工作。不管到哪里，他都努力宣传他的凸点系统，并教导学生使用。

普瑞尔终年辛劳地奔波，终于积劳成疾，以致在43岁就去世了。当时欧洲很多地方已开始使用普瑞尔凸点系统。时至今日，这个系统在世界已经普遍为盲人所使用。

普瑞尔在他43岁生日后两天去世，临终时，他说："人心是非常难了解的，但我相信我在地球上的使命已经完成了。"说完不久，便含笑而终。

对于普瑞尔来说，他的人生之旅没有一步是顺利的，但他克服了生命中的痛苦与压力，并且在15岁时就开始了他创造奇迹的旅途，最后终于成功地造福盲人，完成了人生的使命。

人生之路总是充满了坎坷与风雨，也许你每走一步都要碰钉子，但是千万不能因此而丧失了自己当初的理想与梦想。一切苦难都会过去的，只要你始终坚持自己的信念，失意不失志，就能战胜一切挫折，走向成功。

自卑不可怕，可怕的是只顾着自卑却忘了努力

幼时因为家庭教育的古朴，鲜少得到家人的夸奖，我一直是个自卑的人。因为嘴巴不太好看，长相也常被诟病。久而久之，“长得丑”便入住于我的潜意识。以至于，每当身边有人说谁长得难看的时候，我心里会犯起嘀咕：“不是吧，比我还难看吗？”

毕业后去一家公司面试一个前台行政工作。面试官直接对我说：“各方面都还行，就是嘴巴不太好看。”找工作频频受挫，让我开始怀疑这个世界的善意，感觉自己并不被这个世界所欢迎，也一度有过去整容的冲动。

有一次面试，遇到一个美女老板。她与我聊了很久，说看到我眼里的不自信，很像几年前刚毕业茫然失措、一无所有的自己。她来自山村，家境贫寒，一路不断努力，从不放弃改变命运的机会。如果没有读大学，没有去北京，没有在存得人生的第一桶金后就勇敢地辞职自己创办公司，那么她就不会成为现在的她。也许现在她还在山村里，拖着几个鼻涕孩子，无奈却甘心地望着走不出去的山头。幸亏，她从来不是个甘心的人。

“你涂复古色的唇膏会很好看，厚唇对欧美人来说一直是性感的标志。”离别时，她对我说。

之后，我开始尝试用哑光复古的唇膏。世界上每一种美都是独一无二的，它的天然，只是从未用心雕琢。我开始逐渐懂得欣赏自己。

在找工作失利后，我尝试跟朋友合作创业，可惜同样以失败告终。然

而，失败其实是个契机，给人转身的机会，去寻找别的出路。一无所有的我，百无聊赖的我，委屈和自卑的我，在报刊亭迎着老板的白眼儿翻看免费杂志，然后跟自己赌气："这些文章，我也能写。"

开始时，我其实并不笃定。那是杂志的黄金期，月销量超过10万的杂志不胜枚举。而定稿与收稿量的比率是千分之一。如何让自己的文章能够在杂志上发行，并以此养活自己？我真的可以吗？以前的我肯定会因为自卑而否定自己，但这次，我选择相信自己，并且努力争取。

这真是我最认真做过的一件事。每一篇样文分析，每一个故事拆写，和编辑交流沟通，去"勾搭"成熟的作者。每天5000字地写，只是作为练习。

你有没有全身心地投入过一件事？无论吃饭、睡觉、走路、朋友聚会甚至是和男朋友吵架，我都会下意识地寻找所谓的故事题材和灵感。小本子从不离手，手机拍下路边触到内心的所见，缠着我所有的朋友讲他们的爱情故事，半夜醒来因为灵光乍现爬起来在电脑上噼里啪啦敲上一阵，经常因为一篇文章写不完而忘记吃饭。是真正的废寝忘食。

两个月后，我在杂志上发表了我的第一篇小说。那是2008年的夏天，我站在报刊亭前，对卖报纸的阿姨说："阿姨，这本《花溪》上有我写的小说哦。"阿姨说："是吗？你这么棒哦。"

嗯，感觉自己棒棒哒，我第一次没有怀疑其实我真的可以。

当然世事永不可能一帆风顺。我也遇到过很多次退稿。曾经向一家很棒的时尚杂志投稿时，被编辑直接退回来说："什么乱七八糟的。"但我从不因为编辑的不友好而退缩，我目标明确："我要在这本杂志上看到我的名字。"我每个月都交3篇稿子，所有的修改要求都虚心接受。后来这个编辑开始很认真地对待我和我的文章，说我是她见过最打不死的铜豌豆。而我也终于做到了每期都在那本杂志上看到我的名字，现在还在合作。

从第一篇开始，之后我每年都以百篇的数量在杂志发表文章，迄今已逾百万字。就算是后来在DM杂志工作，自己开广告公司、开网店、结婚生子，我也从来没有放弃写作。

可以很确切地说，写作带给了我自信。再确切一点说，通过自身努力获得的成就感会带来自信。而自信会带来幸福感和对这个世界的温柔理解之心。当我微笑，再也没有人提起过我的嘴唇。也许是有，但我已经不再介意。

之前看到波士顿芭蕾舞团首位亚洲领舞仓永美沙的视频，感同身受。“我的基因决定了我的不够完美，但也决定了我从不会向命运低头。”

对每一个曾经自卑的人来说，努力是一贫如洗的人点滴创造财富的双手，是脆弱的人默默织就的铠甲，是推翻过往所有不堪的力量。因命运而自卑的你，只能用努力来进行补偿，只能用努力来改写命运。

3个月前，曾经那样自卑的我，出了我人生中的第一本书。此刻，与从不低头的你，共勉。

将阳光注满你的生活

最宝贵的时光是当下的时光，我们所能紧紧抓住的也只有当下的时光，学会用阳光的心态享受现在的时光，人生将会更加精彩。

阳光心态是知足、感恩、乐观开朗的心态，是一种健康的心态。它能让人心境良好，人际关系正常，适应环境，力所能及改变环境，人格健康。具备阳光心态可以使人深刻而不浮躁，谦和而不张扬，自信而又亲和。

一个人幸福不幸福，在本质上与财富、相貌、地位、权力没多大关系。幸福由自己思想、心态而决定，我们的心可以造“快乐的天使”，也可以造“阴险的魔鬼”。如果你把别人看成是阴险，你就生活在“悲哀”里；如果你把别人看成是快乐的天使，你就生活在“愉快”里。如果你能把别人变成丑陋的魔鬼，你就在制造“悲哀”；如果你能把别人变成快乐的天使就在制造“愉快”。怎么才能把别人变成快乐的天使呢？要学会感恩、欣赏、给予、宽容。

心态是我们调控人生的控制塔。心态的不同导致人生的不同，而且这种不同会有天壤之别。心态决定命运，心态决定成败。心态是后天修炼的。我们完全可以通过修炼我们的心态来成就我们的事业，改变我们的人生。

调整好心态，拥有好心情才能欣赏好风光。塑造健康的心态，塑造知足、感恩、乐观开朗的阳光心态，就是要让朋友们建立积极的价值观，获得健康的人生，释放强劲的影响力。你内心如果是一团火，就能释放出光和热；你内心如果是一块冰，就是融化了也还是零度。要想温暖别人，你内心要有热；

要想照亮别人，请先照亮自己；要想照亮自己，首先要照亮自己的内心。怎样照亮内心？点亮一盏心灯，塑造积极的阳光心态。

我们享受生活，要建立积极的心态。积极的心态是从正面看问题，乐观地对待人生，乐观地接受挑战和应付麻烦。这对一个人的为人处事至关重要。如李白所言：“抽刀断水水更流，举杯消愁愁更愁。”把快活的日子挤进了死角，让往日的烦恼役使着自己，这是多么的悲哀！过去的就让它过去，无论挫折和失败，无论怨恨和悲切，无论情殇和误解，都统统把它忘掉吧，腾出一片天地，让快活刷新今天的日子。

哈利伯顿说：“怀着忧郁上床，就是背负着包袱睡觉。”许多人心中潜藏这一只名字叫作“烦恼”的小蚂蚁，常常放出来吃掉自己的难得的快乐。

丹麦有个民间故事，说的是一个铁匠，家里非常贫困。于是铁匠经常担心：“如果我病倒了不能工作怎么办？”“如果我挣的钱不够花了怎么办？”结果一连串的担心像觉得的包袱压得他喘不过气来，使他饭也吃不香，觉也睡不好，身体一天天地越变越弱。

有一天铁匠上街去买东西，突然卧倒在路旁，恰好有个医学博士路过。博士在询问了情况后十分同情他，就送了他一条金项链并对他说：“不到万不得已的情况，千万别卖掉它。”铁匠拿了这条金项链高兴地回家了。

从此之后，他经常地想着这条金项链，并自我安慰到：“如果实在没有钱了，我就卖掉这条项链。”这样他白天踏实地工作，晚上安心地睡觉，逐渐地他又恢复了健康。后来他的小儿子似长大成人，铁匠家的经济也宽裕了。有一次他把那条金项链拿到首饰店里去估价，老板告诉他这条项链是铜的，只值一元钱。铁匠这才恍然大悟：“博士给我的不是条项链，而是治病的方法！”

从这则民间故事里，我们可以悟出这样一则道理，不用预支自己明天的烦恼，做好今天的功课，就是应对明天烦恼的最好法宝。没有什么能比此刻更珍贵，需要你积极地把握和面对。

时光的流逝永不停息，我们应该学会忘记过去的遗憾、过去的伤痛，因为还有许多美好的事在等着我们、支持着我们。我们无法抗拒生命的流逝，就像我们无法抗拒每天太阳的东升西落。因此，我们应学会忘记。不要总把命运加给我们的一点儿痛苦，在我们有限的生命里反复咀嚼回味，那样将得不偿失，百害无一利；一味地缅怀和沉醉其中，只能使我们意志薄弱，长此以往，必然导致我们错失时机以致一事无成，如此恶循环，也必然使得我们的痛苦与日俱增。

忘记昨天，是为了今天的振作。干大事业往往会为一时得失所羁绊，而成功人士都懂得应该怎样让昨天的惨败变作明天的凯旋。

忘记他人对你的伤害，忘记朋友对你的背叛，忘记你曾有过的被欺骗的愤怒、被羞辱的耻辱，你会觉得你已变得豁达宽容，你已能掌握住你自己的生活，你会更加主动、有信心，充满力量去开始全新的生活。

忘记烦恼，你可以轻松地面临未来的再次考验；忘记忧愁，你可以尽享受生活赋予你的乐趣；忘记痛苦，你可以摆脱纠缠，让整个心沉浸在悠闲无虑的宁静中，体味生多姿多彩的缤纷。

时间那么宝贵，可别浪费在坏情绪上了

自恋课代表尼采曾说过，我为什么这么聪明，是因为我从来没有思考过那些不是问题的问题——我没有对此浪费过精力。

尼采坦言自己从来不在不成为问题的问题上花费精力，甚至连想都不去想，他只对“有价值的问题”花费精力。

汲取知识方面，他知道避开什么、抛弃什么。他不喜欢泛泛读书，不认为读书越多越好，只挑自己有问题的书去研习，尽管他没有建立一个封闭而庞大的哲学体系，但他那豪气冲天、光彩夺目的散文、格言和警句已深深把我征服。

不要把精力浪费在不必要的事情上面，是成就一个人的最佳方式，也是化解你累瘫心塞很受伤的豪华锦囊，这点我深以为然。

我认为的精力浪费，体现在工作中，是被无关事项轻易扰乱的节奏；体现在生活中，是明明美好那么多偏要和自己过不去的较劲；体现在人际关系中，是拿本该用来对待亲人的和善去招待陌生人；体现在男女情感里，是抛下自我实现也要陷在他爱不爱我的猜想中。

人的精力有限，消极的情绪、主观的臆想、琐碎的小事、常响的手机，就像八国联军一样瓜分着宝贵稀缺且一去不复返的时间精力。

许多人那长满老茧的神经末梢，根本意识不到精力的消耗，因为这些事太过理所应当、习以为常。如果你累瘫心塞很受伤，那你该试着扫除一些“占着茅坑不拉屎”、占着内存降速度的bug们。

[精力达人都会主动避免干扰]

在我工作的这五六年里，历任老板同事赠予我无数“精力收纳狂”“高效红旗手”之类的隐形牌匾。离开第一家公司时，老板三度挽留；和第二家东家分道扬镳后，经理用三个人填补我原先的岗位空缺；现在点姐也时常赞我效率很高。

此外，我每周保证3—4本书的阅读量；大部分工作日下班后我直奔菜场买菜做饭；没空去健身房，反正我家里的椭圆机、健腹轮和瑜伽垫这锻炼三件套也能助我一臂之力；就算我在深圳工作时加班、值班多如牛毛，我也还去改革开放博物馆当志愿者。

很多人问我精力怎么分配得那么好，我死不要脸总结出的结论就是，精力不被无谓的事情分散，具象说来：

把淘宝网页设置成受限站点，上班时间不要网购；

在做需要注意力高度集中的重要任务时，把手机都调成飞行模式；

路过茶水间的妈妈帮、相亲团聚众闲聊时，不宜久留；

业余时间做自己喜欢做的事，累计的正能量是我度一切苦厄的硬通胀。

[把工作中的无效投入最小化]

职场里，真正活多的人是没空喊累的！

我有个要好的女同事向我诉苦，要么被不计流量的工作任务累到瘫，要么被知人知面不知心的人际关系虐到心塞，要么被自导自演的小剧本杀死脑细胞。

可是我经过她电脑时看到挂着没来得及关闭的淘宝网页，有时买的宝贝和图片有色差要退货，和店家博弈与快递联系就折腾一下午；她上完厕所出来洗手，进去她去那一格的人冲了一下厕所，她为自己到底冲没冲水纠结好久；开会前偶遇集团大老板，因为打招呼不自然懊恼极了；不调成静音模式的手机整天滴滴答答作响，她手机循环拿起放下，任务没完成只能加班。

我常常发现，工作时间刷淘宝、想心事、收快递、平杂事、唠闲嗑的人和抱怨为什么工作加量不加价是同一拨人；强调积攒人脉、玩转办公室政治的人也是一边对着三高的体检单担忧不已，一边感慨职场水深、唏嘘人情冷暖。

碎纸机般的社交APP把成块的时间切割成零碎片段。习惯性点开网页弹出的新闻更是让精神发散，研究领导喜好和同事八卦就更没意义，别人家财万贯不会莫名赠你半分，无权无势也不会向你索要，每个领导都要研究那还怎么做业务小能手，整天八卦同事练就一身的“故事会”人格是要去给《知音》当编辑吗?

在我看来，提高专业度和职业感，准沉没成本就不要往里砸了，精力集中者才能捧上金饭碗。

[不要因为错过太阳而流泪，否则连星星也会错过]

话一下当年，我高考考砸了，没被我暗恋的学校录取。当时自勉了几句“如果你因为错过太阳而流泪，那你也将错过月亮和星星”“天将降大任于斯人也”的鸡汤就去念大学了。

去到学校，常常看见有人痛陈高考的失利，担心未来的就业，在他们一片愁云惨淡的哀号声中，我早已养成早上5点起床去背英语、晚上7点去跑步的天使习惯；大家都糊弄的社会调查我做得各种严谨仔细，为了调查当地民众的生育观，我是拿着调查问卷，从计生局到街头小巷，从妇科医生到产房病床，每份数据都真实可靠；和学霸们相约做科技立项，到学校旁的打字复印店免费打工，熟悉办公软硬件的使用，有假期就拿着勤工俭学赚来的钱游遍半个中国。毕业以后，社会并没有难为我。

当你深陷挫折无法自拔时，你那错放的精力会导致你心力交瘁。

我身边的好友，有因为男方的劈腿，终结了四年的感情，分手后喝酒喝到胃溃疡、满脸长包的；有考上很棒的学校，但是大三时替别人考试被抓，学校取消发放学位证，把自己气出轻度抑郁症的。

前者若振作起来，说不定能遇上一份后来居上的好感情；后者若聚气凝神，说不定考个研究生直接拿硕士学位。这世界多的是冯唐易老、李广难封式的命途多舛，难过是本能，难过太久就是把自己放入loser培养皿了。

[于我，自我悦纳是场修行]

所以我根本不忍心让自己痛苦、懊恼、后悔、无奈。

当贫瘠的现实、狰狞的嘴脸、不善意的恶作剧袭向我时，

连叹息都是多余。

化情伤为能量，转挫折为动力。

爱自己，才是我这一生的终极罗曼史。

尼采说我为什么这么聪明，是因为我没有对不必要的事浪费过精力，但我更想说——我这么聪明，才不会浪费精力在不必要的事上。

你是怎样度过你的那些糟糕时光

[1]

在我小学的时候，有过一段很糟糕的时光。

那段时间，我弹的巴赫平均律非常差劲，每次上课都被骂成丧家犬。我新换的老师，把我折磨得非常崩溃，她总是说“你要连一点”“你要手指清晰”，她说的所有东西我都明白；但是，我就是做不到，也不知道怎么去做。

就这样，我更不爱练巴赫了；我记得，当时的练琴迅顺序是这样的：音阶——肖邦练习曲——贝多芬奏鸣曲——幻想曲——看小说——看小说——看小说——幻想怎么追求班长大人（他是个很萌的正太）——胡乱弹几下平均律——睡觉。

爸妈看我的状态很差，就给我又换了另外一位教授。

第一节课的时候，她对我说，光知道这个段落要弹得“富有歌唱性”，那首曲子要“热情澎湃”是不够的；还要去考虑实践的问题。比如说，你首先要知道什么叫作“富有歌唱性”，为什么这里要这样演奏，以及，你要如何去实现？是要用手腕的力量，还是要加大触键的面积？如何在“连”的时候，又保持清晰的音质？

她提出一个很重要的观念——你要知道自己的目标，还要知道如何去实现这个目标。

[2]

顺着这个观念，我又想到几个问题。

我经常能够收到“豆邮”，他们说自己平时读了励志书很激动，但是对生活没有任何改善，说白了就是“听过很多道理，却仍然过不好这一生”。

很多人，每天嚷嚷着上进、正能量、闪耀、坚强云云的……可是，他们外语说得乱七八糟，写行像样的公式都写不来；让他们每天坚持看红宝书，高压地学习个几年，简直能要了他们的命。是这样的，想要好生活，光知道道理是没有用的，而是要尽量把每道选择题都做对。

这些选择题有大有小。大的，去哪里读书，要嫁给谁，要娶什么样的老婆，要进什么行业；小的，你能不能提升分数，你能不能坚持吃水果、蔬菜，你能不能每天早起学习，你能不能和恋人处理好每次争吵。

知道大道理很重要，但是，更重要的是知道“怎么做”；做错的时候，要仔仔细细地想明白为什么错，下一次要怎么做。要想办法去做正确的选择，知道为什么错，也要知道为什么对。如果条件允许，一定要去接受高质量、专业的学科训练，这种训练能对智力、做事方法、思考都有莫大的帮助。

人们经常强调努力、天赋的作用，却很少意识到“科学方法”的重要性。大家喜爱传播“某某人通过自学，成为大牛人”之类的故事，可是，伴随着学科的分支越来越细，还有新知识的快速更新，自学是远远不够的。

举个简单的例子：广告公司；普遍来说，在4A训练过的人，确实是比小公司的人更专业，写的PPT更好，更有忽悠力。这些东西，不是他们凭空学会的，而是在企业的训练下所习得的。

说个大点的：器乐演奏；就算你先天耳朵再好，乐感再出色，没有好老师的指导，最终也会染上各种演奏恶习，弹得一团糟。有一些东西就是这样的（尤其在成熟的领域），你是摸索不出来的，因为那些东西是N代人的结晶，哪怕你自学2W小时也是根本不够的；不断地重复错误，并且对错误不自知（很难苛责他们，有些东西确实是要别人来告诉你的），只会让错误变成习惯，直至酿成无法修正的悲剧。即使天才如舒伯特，年轻时代也是追寻大牛认真学习过的。

为什么要花费大价钱让孩子跟随上音/中音教授学习演奏？我那个年代是500—800RMB45分钟，现在可能更贵了。不仅仅是因为教授有名气，在音乐学院任教，而是这些教授和琴行老师的区别是相当巨大，最重要的是，他能保证孩子不会跑偏，稳步地提升技巧和音乐表现能力；我遇到过几个老师，他们对于美学的理解、艺术的思考，深深地影响着许多懵懂少年的人生。

很多人以为“有心”“有音乐修养”就能演奏出动人的音乐，真实情况不是这样的；演奏家必须回答一个问题“怎么样表现自己的音乐思考”，怎么解决艰涩的技巧段落，什么样的处理最能表达想法；这些东西不是脑洞大开就能找到答案的，必须通过长期的训练才能学会的。心是重要的，但是，李斯特、普罗科菲耶夫、拉赫玛尼诺夫等人的作品，真的不是光靠“心”就能完成的。

人在最开始竞争的时候，天赋就已经发挥作用了。比如说，我学10个小时小提琴，薛伟学10个小时，我肯定还是比不上他的；你努力1W/小时，跟卡拉扬努力1W/小时能一样吗？索菲娅·穆特学3000小时达到的水平，估计别人一辈子都赶不上。拼天赋，在学习的最早就开始了。但是，在专业的训练下，你的天赋会被最大限度地挖掘，努力也会变得更有效率；它可能不能把你变成第一名，但是可以让你变成相对出众的人。很多人是没有机会接受这样的训练的，所以，如果你有机会，请一定要好好珍惜；如果你还有机会得到这种训练，那么就要竭尽全力地得到它。

[3]

“为什么听过那么多大道理，仍然过不好人生？”

我想，答案大概是，人们的胸腔有太多的热血，可又无法把热血付诸实践。人们在朋友圈里转发鸡汤和励志文章，但是，他们连坚持每天背红宝书、跑2km都坚持不下去；甚至，连自己最喜爱的东西也无法坚持；或者，明明很努力，却一直在错误中循环……每次碰到这种人，我都会觉得很遗憾。如果有能力，对方也不烦你的情况下，我们都应该多帮助陷入实践困境的朋友。

人生和考试很像，要尽可能地做对题目；这次做砸没有关系，下一次就不能再错。最怕的事情是，每次有挽救机会的时候，又选了一个更错的选项。

想要过好的人生……我想，最好能去接受好的训练，尤其是在自己所投身的领域；如果没有好的训练，平时也要多复习、去反省、去修正……这样，就算人生不能很好，大概也不会很差吧！

少一些抱怨，多一些积极

不论你在什么地方，不要抱怨，不要灰心，努力向前。因为你要做最好的自己。

[1]

最近不知是春回天暖，还是乱草狂奔。在这个不知道什么的季节里，很多人都在发着不同的牢骚。

近日，A君就不停地向我吐槽，例如：我锻炼了这么久，可是为什么还是不瘦？为什么我的同学在大学已经长高了，可是我还是矮人国里的小公主？为什么我最近练了这么久的瑜伽，可是我的曲线还没有出来？听到这些，我不禁吐槽。如果你只是稍稍锻炼，就练到了马甲线；如果你只是锻炼了几天就会长得高；如果只是锻炼了一天，就会有迷人的曲线。那么怎么会有那么多的人还在一直的努力，你要做的不是在不停地抱怨你的不足，而是要尽力去放大你的优点，停止抱怨，不为其他，只是为了做一个更好的自己。

[2]

接到B君电话的时候，我正在狂力扒饭。悄悄地谈了几句。豁然发现，命运终究不会辜负不抱怨的人。

认识B君的时候，是一次偶然的分宿舍。在这里我们8个人谈天说地，并且由于和她志趣相投，我们成了最好的朋友。在我的心底，她一直像女王一样的存在，不光是由于她对学习的认真，更是由于她对事情永远是想着解决，而不是抱怨。

记忆最深刻的是有关她的高考。忙碌的几个月，我们终于迎来了高考，熙攘的人群，烦躁的天气，预示着这次考试的开始。在两天之后，我们考完了，在考完的时间里，我们忐忑地等待着判决书的来临。

“考得怎么样？”

“不好。”她低声地说。

“我也是，我准备去复读。”

“你呢？”

“我考上了商洛学院，准备去上。”

“可是，你的成绩怎么会这样？”

“兵败滑铁卢而已，亲，不用担心，记得，10月1号放假，给我打电话。”

“嗯，明白。”

此时我在惊讶之余，更多的是对她的敬佩。因为她本可以上一本的大学，却因为高考使她发生命运的转折。或许就像有人说的高考的迷人之处不在于它的阴差阳错，而在于它的如愿以偿。

去年，在见到她的时候。她说自己已经拿到了大学应该考的证书，同时也拿到了国家奖学金。我在惊讶的同时，也深深地佩服她的毅力。

有人说，在二流的大学里只有两个改变，一个不停下降的智商，一个不停上升的体重。可是在她的身上，我都没有看见。

曾经问过她："抱怨过吗？"

她却笑着说："没有什么好抱怨的，因为想做最好的自己，就不会去抱怨，况且我现在生活得很好。"

[3]

今年回家，遇到C君的时候，他正在家里帮助家里的人贴对联。无意中我们又闲聊了几句。得知他现在正在一家私人的企业工作，并且年薪过万的时候。我轻轻地笑着对他说："好样的，不错。"

说起他，我真的深深地佩服他。

小的时候，当别人的家长，还在为自己家孩子成绩发愁的时候，他拿回来的是几张奖状；当别人的父母为自己的孩子请老师补课的时候，他轻松地上了重点中学；当别人的父母为自己家的孩子为老师买礼送烟的时候，他轻松地被保送好的高中。为此家长们难免在我们面前表扬他，总说他是我们的榜样。不知提了多少次，有次，我忍不住瞪着眼睛对我妈说："可那是别人家的孩子。"我妈神情一顿慢慢地说："别人家的孩子总是那么好，可是我们家，哎。"

命运的齿轮并没有收住前进的脚步，当所有的人，都在看着他上重点大学的时候，他却落榜了。

夕阳是那样的静悄悄，仿佛多睁一下眼睛，就会刺痛少年心头的伤。

那一夜，静极了。经过一夜的思索，他决定去复读。

身上背着沉重的行囊，心里装着伟大的梦想。他咬了一下牙，告诉自己明年一定要金榜题名。就这样一年的复读时间开始了，一月，三月，五月，六月。当第二次高考下来，我看见他满脸的愁绪，他喃喃地说道："理综好难。"

等成绩的日子是煎熬的，他静静地等待着自己的死亡该判决书。可是那一天，终究是没有等到，他再一次落榜了。

他回到家，静下心来准备再一次复习的时候，传来一个好消息，由于理科的分数下降了，所以他可以走了。去的是一所二流的大学，可是他走的那天依旧笑着对我说，干什么事，都不要抱怨，静下心来，你会发现更好的自己。现在的他眉目之间的骄傲，告诉我们，努力向前，我们会发现最好的自己。

停止抱怨，用积极的态度，去面对每一件事。或许你会发现一个更好的自己。就像电影中的一句台词：All is well。

别让你生气的样子太难看

连着几天晚上，老妈都没去跳广场舞。我觉得奇怪，问她是不是最近太热了所以不想出门。老妈无聊地拿着遥控器乱换台，摇了摇头，“我得躲几天。”

“躲什么？”我问。

“躲七栋的王阿姨。”

我就奇怪起来，王阿姨搬到我们小区才个把多月。之前听老妈说，王阿姨挺外向的，刚刚搬来时看见她们一群老姐妹在花园里摘菜、聊天，就抱着一挂香蕉来熟络。大家年龄相仿，王阿姨又开朗健谈，一来二往就玩到一起了。怎么还没几天，就要躲起来了？

老妈叹了口气，就跟我絮叨起来。她之前觉得王阿姨特别热情，还挺喜欢她的。但是大家一起玩久了，就慢慢见了真性情，没想到她是个生起气来特别难看的人。

有一次，她们几个人约着去公园看荷花，上班早高峰人特别多，王阿姨虽然眼疾脚快，但被一个小姑娘先坐到了座位，还不小心蹭到手臂，王阿姨立刻就火了，指着小姑娘破口大骂。那场面别提多难看，脏的、臭的话全往外蹦，把人家父母也骂进去了。她还仗着自己身体强壮，硬要把人家从座位上挤下来。

妈妈说，小姑娘虽然不太懂谦让，但王阿姨抢得也很凶，蹭到手臂也是自己不小心。

五六十岁的人身体也还可以，不过两三站路，让给上班的年轻人坐一下也没什么。为了一个座位就撒泼，不仅自己丢人，还过分侮辱了别人。那个小姑娘，心里委屈却争不过王阿姨，车刚到下一站就哭着跑了。

后来又有一次，王阿姨跟舞蹈队的同伴发生了点矛盾，也是不依不饶地就在大庭广众之下闹起来。骂到后来，根本就不是就事论事，而是添油加醋地编排对方的家事。什么戳心说什么，差点没把对方气得中暑。

老妈说，生气时最显人品。

第一，有一点不顺心就要发脾气的人，往往都比较自私。

第二，一生气就要骂脏话、动手动脚的人，素质高不到哪里去。

第三，生起气来就只知道输赢，不分场合、不分是非，不压倒对方就不甘心，这种人没法讲道理，也根本不可能长期相处。

所以，老妈觉得还是趁机和王阿姨疏远一些。她的性格，平时看着再好，其实也不适合深交。

现在的人，多多少少都懂点为人处事的“规则”，知道伸手不打笑脸人。就像王阿姨，到了一个新环境，知道买点水果、主动参加集体活动来融入大家。但是，如果碰到“生气”这块试金石，似乎就很容易暴露本性。

不论多生气，都不应该骂脏话，更不能动粗。当今社会是文明社会，小孩子上幼儿园都会被教导要讲文明、懂礼貌。脏话都是极端的侮辱，动粗更是，会给人带来很大的伤害。当面对问题，只会使用这类攻击手段的人，品行恐怕都好不到哪里去。

不论多生气，都要让自己就事论事。生活中有些人，每次吵架就喜欢翻老账，这种情况尤其在夫妻、亲戚间更为常见。重提旧事只是想增加自己吵架的筹码，但对于解决问题毫无意义。就事论事是解决问题的基本准则，东拉西扯只会激化矛盾。

无论多生气，都不要侮辱别人的人格。生气的人常常会说出过激的话，但千万不要伤害别人的尊严。有些人虽然不说脏话，但尖酸刻薄起来比说脏话还要狠，似乎不把对方踩到脚底下就不能泄愤。其实如果是因为一件事情不合，就只谈事情，不要人身攻击。如果真的断定对方人品不善，那就直接断绝来往，不必多费唇舌。

生过了气，也花一点时间反思一下自己。俗话说，一个巴掌拍不响，这世上不可能有谁把道理占全了。每个人都会从自己的角度思考问题，这是人的本性。事后也想想是不是自己忽略了对方的利益，或许会有助于下次避免类似问题。

其实就算是圣人，也不可能没有生气的时候。生气本身并没有什么不对，但怎么管理生气时的情绪，怎么把握生气时的言语行为，彰显着一个人的水准。

不要以“只是一时冲动”“只是被气糊涂了”这种话来粉饰太平。真正的修养不该是贴在脸上的面子工程，不是非要别人敬酒，你才能敬茶。真正的修养是一点一滴融入骨子里的性格，即使生气，也有生气时的姿态。

一个成熟的人，无论情况多糟糕，也要守住分寸；无论心里多愤怒，也要拿捏住尺度。因为你坚持的不只是礼貌，更是立世为人的品性。

与其纠结过去，不如把握当下

我有个朋友，人很好，但性格不好。

一起出差，他走的时候就说，借出差的机会一定买一款相机。起先在网上看攻略，和我坐下来咨询哪款相机功能更好，我也是个相机白痴，给不出什么好的建议。于是就给同学打电话咨询，前前后后不下20多个电话，那天终于定下来买的牌子，我和他去商场看货。

反反复复了很多次，刚出商场就后悔了，经我一劝，总算回到了住处。接下来的几天，就在“后悔”和“哪如当初”中度过的。在我看来，相机根本没有给他带来什么享受，反而成了一种负担。

其实想想，我们的生活中，这种纠结的人还不在少数，人生的很多时间都是在与过去决断的事情较劲中、反悔中，悄无声息地把当下的时光和美好输得精光。很多时候，人生的失败不是因为没有实现，是错过享受的最好时光。

譬如，做父母的时候，我们纠结在：既觉得自己的孩子不如别人家优秀，又希望自己的孩子成龙成凤；做老师的纠结，既不允许学生插嘴，又希望学生有创新精神；做孩子的纠结，既厌恶父母管束，又懒得自己出来打拼；做学生的纠结，是既不认同老师某些观点，又怕得不到毫无意义的分数；做爱人的，既放不下你爱的人，也舍不得爱你的人；做朋友的，既想得到他的鼎力相助，又害怕他带来的麻烦……

人生也是如此，我们有三分之一的行动，却用三分之二的时间来后悔，不仅扭转不了已成定局的事实，也会错过当下新的经过，更怕仓促了即将到来的明天。人生若调成纠结模式，就会不由自主地进入一种死循环里，无声无息中消耗掉了你所拥有的眼前。

朋友讲了一个事例：三年前，小孩择校，摆在他眼前的是两所大学可选，当然各有利弊，譬如，这所学校环境不错，那所学校专业不错。她就在向左向右的抉择中纠结了很久，总算孩子上了大学。转眼就到了毕业的时候，这老先生的纠结模式索性倒回了三年之前的选择，逢人就说："当初要是选择另一所大学的另一专业，还用这么就业难？"每次有人在那个专业就业，他就不由得说："你看看，当初我们家孩子选择成那个专业，现在这个岗位肯定是我家孩子的。"大家就无语，不知道从何劝他。人生若调成纠结模式，表面看是在总结上次的得失，其实是在消耗你的时间，徒劳无功。人生若进入纠结模式，才发现我们大多数的人，竟然都不是自己生命的主人，更糟的是，我们往往是自己决断和反悔的奴隶！

人生有时候真的需要一些猴子下山的精神，见了玉米放下西瓜，拥有芝麻忘掉西瓜的负重。人也需要学会忘记，放下过去，握得住当下，不奢求未来。人生总有那么几道你无法逾越的坎儿，就算是你是路虎也没用。人生有时候像竞走，合理地分配体能，要为自己的每一步的起落买单，一路需要足够的贮备。这贮备就是果断和向前的心。

一位在众人眼里很成功的年轻人告诉我，如果将来他有了孩子，绝不让孩子优柔寡断，他说很多经验告诉自己，有时候的莽撞比谨慎更能撞到机会。果断是人生的一块砖头，一砖头砸开的锁子和处心积虑打开的锁，后果是一样的。

想想，挺有道理。人生的路很漫长，无论怎么选择，我们都要走向成熟的，都是朝着终点走去的。要学会不断地肯定，剔除年少的偏执轻狂，留住当下的敢闯敢干，修炼放下忘掉的胸襟，其实对与错没有绝对，就看你心灵的境界有多宽广；要学会简单，你对世界简单了，世界也就不会太复杂。因为，每个人都曾经后悔过，但是人生没有回头路，错过了就不能重来，与其在懊恼中纠结过去，不如抓住当下正好的时光美景。谁也不敢肯定，路人甲没有转身的时候。

未来哪来那么多可忧虑的

我们常常对于未来过于忧虑。

刚刚高考完的小朋友问我："暑假我该做点什么提升自己？""我有拖延症，而且我好像什么都不会，怎么办？""我能适应大学生活吗？"

快要大学毕业的朋友问我："我该怎么做才能找到满意的工作？""我不知道自己喜欢什么怎么办？""22岁应该先拼事业还是先谈恋爱？"

已经工作了几年的姑娘问我："我想辞职去大城市闯荡，但是我27岁了，担心大城市的生活会不会太辛苦，担心找不到男朋友怎么办？"

[1]

我刚毕业的时候在公司附近跟人合租，对住在我隔壁的那个姐姐印象很深。因为我从来没有见过像她那样无忧无虑的姑娘。她当时快40岁了，皮肤保养得很好，单身，一年前刚刚从工作了十来年的日本回来。

她跟我们20多岁的年轻人一样，合租房子，每天早早出门找工作面试，还报了一个翻译培训课程。虽然是租来的房子，但是她布置得很漂亮，去宜家买了崭新的单人沙发和书桌，床品也是用得上好的品牌。下班之后跑步、读书，周末偶尔会在厨房做美食。她把日子过得很精致，也很松弛，没有都市浮躁气，也没有很多大龄单身姑娘的焦虑。

有一次闲聊，我问她为什么回国。她说，因为当时喜欢一个国内的男生，就辞掉工作回来了。两个人相处了一段时间，发现并不合适，就分了手。然后她就一个人从广州来了北京。

她说，在日本，其实很多姑娘的生活状态都是这样随性。完全没有国内那种过了25岁就特别忧虑着结婚的焦虑感。她大学是日语专业，后来去日本工作几年之后，忽然喜欢上化妆，就辞掉工作，用积蓄去报了很贵的彩妆课程。她喜欢什么，就尝试着去做，没有想过性价比，值得不值得。她说，其实在香港和台湾也是，人们并不急着结婚，或者走上什么“正轨”，只有大陆的姑娘才把最好的青春年华，都浪费在不必要的忧虑上。

[2]

我的另一个朋友Jenny也是这样。她29岁的时候，忽然就从“500强”辞职，跑到美国去念书。她是那种精致时髦的上海女郎，住着市中心的高档公寓，开着BMW，穿品牌套装，不开心了就休假去热带岛屿潜个水。

她提着两只巨大行李箱晃晃悠悠去了波士顿，用积蓄交了学费，和同学合租市中心昂贵的公寓。她慢慢学习搭乘公共交通，练习一个人去餐厅吃饭，习惯去适应波士顿的天气，和她新的发型师。

那两年，Jenny一边在学校苦读拿学位，一边晃晃悠悠在北美洲旅行，并且交了个美国男朋友，还出版了一本书。后来再见到她，我觉得她和在上海没日没夜工作的时候完全不同，不再活在紧张的日程表里，不再整日忧心忡忡，整个人神采奕奕，散发着迷人的光芒。

她说她真正下决心辞职去念书，是因为无意中看了毛姆的一本小说——《刀锋》。那时候她在上海，拿着几十万的年薪，生活安稳富足，可是她不快乐。后来她放下了忧虑，像拉里一样上路，在全世界到处晃晃，让生活扑面而来，生活真的给她打开了更多的可能性。

[3]

“生活，其实有它自己的意志，有它自己的轨道和方向，甚至大多数时候，是我们在被生活推着走，是我们沿着生活给我们规划出的轨道和方向，一路向前奔跑。而究竟在哪里路口转弯，我们并不知道。”

我写作圈的朋友孙晴悦在文章中这样说。她在中央电视台工作，24岁那年，得到一个可以外派的机会，去拉美做驻外记者。她决定把握住这次机会，可是对于未来的工作、爱情，甚至结婚生子，她的忧虑也达到了顶点。

24岁的她走在玉渊潭公园里，冒出的一句话是：“你什么时候才能放下所有忧虑，让生活扑面而来？”

3年的驻外记者生涯很精彩，她行走在拉丁美洲，眼界和见识如清风加冕。3年后再回北京，拉美的文化已经融入她的血液，那一段驻外生涯也成为她生命中难以忘怀的华彩。虽然晴悦常常自嘲，当时自己是冒着和男朋友分手的风险，可是我还是觉得，那是她做过的最正确的决定。

[4]

张爱玲有一篇短文叫《非走不可的弯路》——

青春的路口，曾经有那么一条小路若隐若现，召唤着我。

母亲拦住我：“那条路走不得。”我不信。

“我就是从那条路走过来的，你还有什么不信？”

“既然你能从那条路上走过来，我为什么不能？”

“我不想让你走弯路。”

“但是我喜欢，而且我不怕。”

文章的结尾，张爱玲这样说：“在人生的路上，有一条路每一个人非走不可，那就是年轻时候的弯路。不摔跟头，不碰壁，不碰个头破血流，怎能炼出钢筋铁骨，怎能长大呢？”

可是我们呢，为什么没有了试错的勇气，反而整日忧心忡忡，害怕走了弯路，甚至害怕走了一条性价比不那么高的路，落后于别人？我们忧虑的，到底是什么呢？

老狼在《关于现在关于未来》里面有几句话我一直很喜欢：

关于未来你总有周密的安排，

然而剧情，却总是被现实篡改。

关于现在，你总是彷徨又无奈，

任凭岁月，黯然又憔悴地离开。

简直就是太多人的写照。

我们整天忧虑着未来，却又那么迷茫，不知道怎样去努力现在，所以一天天过去，一年年过去，好像一切都没有变。

我们是否可以放下忧虑，享受每一个当下，沉浸在当下生活本身，并且踏踏实实去努力呢？

[5]

我曾经也非常忧虑未来，特别是27、8岁那两年，工作没有起色，感情生活一片空白。我每天都特别惶恐，担心自己愁眉苦脸地活下去，孤独终老。

我休假飞到云南去旅行。可是并没有心情看风景，大理温柔的风扑面而来，古城到处洋溢着浪漫的气息，可是我只想哭。我在长途汽车上哭；我关上旅馆房间的门，坐在床上哭；我去丽江，在束河古镇的咖啡馆里哭；在双廊，面对着美丽的洱海，在新年的烟花燃起的时候哭……

那时候，我的忧虑一定也达到了顶峰吧。现在想想，是多么的可笑和浪费啊。

看不清前路的时候，我们都迷茫忧虑，可是一味沉溺于忧虑的情绪，却是于事无补的啊。

不如放下忧虑，让生活扑面而来吧。

生活不是规划出来的，它有自己的轨迹，也许我们可以做的，就是聆听内心的召唤，然后真止付出努力。只有走得更远，才能更开阔，才能有答案。

放下对未来的种种忧虑，现在就开始努力吧，看看上帝会给你什么礼物。也许是惊喜连连，也许是空空如也，可是无论哪一种人生，对我们来说，都是独一无二的啊。无论哪一种人生，我们唯一能把握的，可以拼尽全力去努力的，也只有当下，只有此时此刻。

别让你的坏情绪持续太久

[如果回到 10 年前，你最想对自己说什么？]

一次活动，提问环节，有位大学生抢过话筒。她问我："如果回到十年前，你最想告诉那时自己的话是什么？"

我沉吟一会儿，说："标准答案是'早点买房'。"

现场爆发出一阵笑声，但我没说完——"可十年前的我是应届毕业，即便有买房的意识，也没有足够的收入，所以，如果我能回到十年前，给那时的自己一句忠告，一定是'别把时间浪费在坏情绪上。'"

笑声渐渐止住，阶梯教室一片肃静。我对着一张张年轻的面孔，如对着十年前的自己，回顾。

十年前，我研究生毕业，在北京做一份出版社编辑的工作。看似体面，实则压抑，老牌国企的暮气，如单位的长廊一样，每天下午四点，唯一的光源只有走廊尽头的一扇窗，灰尘在阳光下舞蹈，红木地板铺上同色地毯，阴郁、深沉，而在这之上的人们闲聊着，都在等待下班、等待退休。

努力策划的选题总也不过，不过的原因通常有两种——

市场上已有的，我们在重复，不能做；市场上没有的，未经验证，也不能做。

初出茅庐的锐气在几次碰壁后，消失得近乎于无。

[抱怨是往自己的鞋里倒水]

杂务很多，成果很少，办公室里的年轻人们常常着急忙慌地完成领导一时兴起下达的命令后，面面相觑，不知道明天又要做什么，而未来在哪里。

我还记得，每天晚上回家的抱怨。说是家，其实是我和校友张合租的小屋。

刚工作的我们都有怨气，一说起就忍不住叹气，好几次我们都流泪了，但又互相羡慕——我羡慕张在电视台做编导，做自己喜欢的项目；张羡慕我有编制，电视台迟迟拖延她的相关待遇，令她气馁。

更多时候，我们不发一言，各玩各的电脑，张看电影，我泡论坛，愁眉苦脸，焦虑着，度过一夜又一夜。

最焦虑时，我不断刷新招聘网站，看有无合适我的工作可以换。但其实徒劳，我和单位签了五年死约，作为解决户口的代价。

最焦虑时，我不断研究有关法律条令，如果违约，我需要赔付多少，研究明白也就绝望了，那实在是初入社会的我难以承担的。

最焦虑时，在外地做驻站记者的男朋友回来看我，我免不了又扑在他怀里哭了一场。

最初是安慰，而后是不耐烦，在假期结束前，他终于疑惑地问我："你与其在这儿哭哭啼啼，为什么不干点实在的事儿？比如，你从前在学校时，写了那么多文章，现在呢？"

是啊，读书时，我在各式BBS上写连载，曾每天五千字，最多的一天写了一万二，连这个男朋友都是从粉丝变成恋人的。

"现在呢？"

[坏情绪总是与懒惰在一起]

男朋友又回驻地了。

毕业两年后，我才重新拿起笔，把一度长吁短叹的时间用来写作。一夜又一夜。

写作之路抛开辛苦，算异常顺利。

我很快在一家报纸开设专栏，继而在各式期刊上看见自己的名字，甚至等我终于可以换工作时，去了其中的一家。

心情也好多了，工作碰壁时，觉得人生没有希望时，我就打开办公桌的抽屉，看样刊样报上的名字，鼓励自己，“你还是有优点的”。

我后来竟发现，其实心情也没有必要不好，那些在本单位没有办法做的选题，只要认真、努力地准备过，用别的方式在别的单位也能开展。

后来，我成为一个热爱出版的人。

唉，我浪费了两年时间啊。

[用解决问题的方法排解坏情绪]

“现在看来，那些抱怨、焦虑、抑郁、一夜一夜地互相吐槽是最没有用的，”我追悔莫及，“其实我这十年等于八年。如果能回到十年前，我不会把时间浪费在坏情绪上。节省那些横冲直撞、唉声叹气的日子，去做改变。越早，相信我的今天会越好。”

他们鼓起掌。掌声稍歇，刚才提问的学生又站起来了。

“可是，有时真的很难过啊，坏情绪堆积时，如何排遣呢？我们又不是木头人。”

我笑了。

“去解决问题，不知道怎么解决，就去阅读、去写、去运动，做一切可能做的事儿，找一张白纸，把能想到的、马上能操作的，列出来，一一实现，就是不能让自己闲着。做，才能改变，抱怨和哭都不能。”

那一刻，好像，十年前的自己，真在面前。

祝她好运。祝你好运。

你不用想着事事取悦他人

从前想得周全，想要人人喜欢。可时间久了你就会发现，如果顺着别人的意思去做，通常也很难得到满足，而且但凡有一点不能令对方满意，便会在无意间得罪他们。既然都不讨好，为何不干脆顺从内心，做一个不取悦于人的人呢？

[1]

有那么一段岁月，我常常把自己困在屋子里，不想走出去。

那段时光特别迷茫，我收到了越来越多的来信和约稿，也接到了一些电视台的邀请，要我去做节目。

写作原本只是我的爱好而已，并没有想过它还能给我带来这么多。如今它给了我更多的回报和选择，我像是一个受宠若惊的孩子，突然不知道该如何面对。

私信里都是追捧你的话，留言里都是问候和祝福，我仿佛像被众人用想象力抛离了人群，抛到了一个新的高度。我不能向下看、向后看，我只能顺着这个高度，一步一步接着往上爬，可怕的是，可以被高高抛起的，也会狠狠地掉下来，而我却浑然不知，只能顺势而上。

膨胀是不可怕的，可怕的是众人觉得你膨胀，那种高处不胜寒的孤独和嫉妒通常很难抵挡。我时常必须要学着隐藏实力，学着低调，学着自然，学着强颜欢笑以及喜怒不形于色。

更可怕的是，当你面对众人给你的友好的时候，你必须要接受这些，主动迎合上去，确保不让对方发现你的冷漠，觉得你很孤傲。

[2]

当时参加过一场作者间的饭局，在场的各位都是圈子里的大V，几十号人围坐在一起。

我本以为会交流一些文学相关的事情，比如我作一首诗，他赋一个对，或者谈谈最近看过什么书，说说心得感受这种也好。

可席间觥筹交错，大家交换的都是各自的资源，“你的书卖了多少”“我的又加印了多少”“下次活动你做我嘉宾”“再有新书你帮忙写个推荐”种种。

这完全出乎我的意料，文字创作者应有的那种“文人相轻”的骄傲，变成了“文人抱团”的卑微。

并不是我不理解他们的做法，只是很难接受，不论是鸡汤作者还是励志写手，这都不是我想象中的文人应有的样子。

当时也有人挪过来板凳，和我坐在一起，想拉拉关系，让我在微博、微信上帮他推推。

前面大段的寒暄已经让我有些反感，当我试着用话题推脱的时候，他竟直言不讳，让我说下转发一条多少钱。

我只是不确定到时候怎么帮他宣传，或者不想对未来做一些承诺，而他却把这种推辞当成了我索要报酬的暗示。

转发啊，推荐啊，共享啊，本该是好友之间信手拈来的小事，或者看到好的就算你不主动提出来我也会转，如今却变成了一种利益上的交换。

心里更凉了，我似乎看到了未来可能成为的样子，那个无比嫌弃的自己。

转念一想我也不能怪他，可能这样的事情经历太多，他早熟悉了游戏的规则，只是在一个不懂规则的作者而言，这种行为委实让人觉得尴尬。

关注度逐渐增多以后，很多人私下里都议论我说我变了，说我高冷，说我拿范儿。

一开始我十分困惑，甚至是抗拒，担心他们总会拿着这个噱头不放，以此“要挟”我做一些自己不愿意做的事。

从前想得周全，想要人人都喜欢我。

时间久了，我发现如果顺着别人的意思去做，通常也很难得到满足。不转人家说你高冷，转了人家却得寸进尺，一再找你做你并不喜欢的事，但凡有一点达不到满足，便会在无意间得罪他们，成为别人口中的“装X犯”。

既然都不讨好，那么为何不干脆顺从内心，做一个不取悦于人的人呢?

[3]

后面几年，我结识了三五个好友，物以类聚，他们也都是特立独行的类型。

新书签售，他在台上发言，我做嘉宾。

电话响起，本是一件挺影响氛围的事，若是我一定会匆忙挂掉电话，然后向大家说一句对不起。

他倒没有，反而看了看手机，又拿起麦克风，向台下鞠躬示意：“不好意思，这是我爸给我打来的电话，我先出去接一下，一会儿回来哦。”

一分钟，三分钟，五分钟……我和另外的两个嘉宾尽量拖延着时间，等他回到台前。他却仿佛丝毫不在意这些，将近半个小时，再次姗姗登场。

“你们知道我为什么非要接这个电话吗？”他不慌不忙，反倒心安理得地说起这些。

早些年，他还在房地产公司做销售，那时每天很忙，接待很多客户，时常一个月也不给家里面打电话。收到家里人打过来的电话，他几乎都是直接挂掉，因为在谈客户，一个电话就可能少卖一户、少赚几千块的提成。

突然某天，当他心情不好，想给家里打个电话问候一声的时候，竟发现家里的电话是空号。

他着实被吓坏了，再翻看下未接电话，竟发现这一个月来，父亲给自己打了26个电话，自己却一个没接。

他无比恐慌，连夜坐车奔回家里，才发现原来家里的老房子拆迁了，父母的住所早已迁到了别处。

这一个月，老房动迁，需要二十多万的房款才能住进新房。老父亲本想打电话朝他借点钱，或者问问他怎么贷款，可他的电话却一直不接，没办法最后只好东拼西凑四处借款。

父亲的默不作声，母亲的痛哭流涕，街坊邻居暗地里的偷偷指责，让他突然意识到自己原来是那样的龌龊不堪。西装革履下隐藏的体面的他，竟也会被世人嫌弃，因为他丢掉了自己最真实的部分。

[4]

很多时候，人是常常看不到另一个自己的。

那些在柜台前说着普通话的女生，衣着得体，字正腔圆，话语间总透着一种让人舒服愉悦的感觉。我也见过，她们叼着廉价的香烟在楼道里吞云吐雾，在食堂里大吵大嚷、排队加塞儿。

当她们吹嘘自己见过多有钱的老板、去过多大的排场，掏出自己攒了几个月的工资买到的iPhone6在同学会上炫耀的时候，我想那一刻她们常常是意识不到，这个自己是多么虚假可怕。

哪个自己是经过粉饰过，哪个自己是真实不遮掩的，哪个自己是令人嫌弃的，哪个自己是令人舒适的；每个人都应该在最深最静的夜里细细揣摩。

人生如戏，我们当然要以不同的面具示人，但我们却不必一直戴着那张自认为很高尚、端庄的面具伪装自己。

那个叫Judy的外企女孩，回到老家就不要再提起这个名字，你不过是乡亲父老眼中的田二丫；那个满嘴字正腔圆的电台主播，接听父母电话的时候，就直接溜方言好了。

在许多人眼中，你伪装是因为生计所迫，而在一些人眼中，你可以放下伪装，是因为他们本就对你了如指掌，他们想要与你平视，而不是抬起头高高地仰望你。

渐渐地面对诸多非议，我似乎不那么恐慌了，因为我不再想取悦于他人，而是取悦于自己，尽可能不被自己嫌弃。

不抱怨的人更容易成功

在我们每个人的成长道路上，在某个关键时期，总会出现一个关键性的人物。这个人或许是你的父母，或许是你的老师或朋友，或许是你的恋人。他所说的看似普通的一句话，却会让你牢记心中，永生不忘。普通人是这样，那些成功人士也不例外。

[总有一天你会明白，仁爱比聪明更难做到]

全球最大的网上书店亚马逊公司的总裁杰夫·贝索斯小时候，经常在暑假随祖父母一起开车外出旅游。

10岁那年，贝索斯又随祖父母外出旅游。旅游途中，他看到一条反对吸烟的广告上说，吸烟者每吸一口烟，他的寿命便缩短两分钟。正好贝索斯的祖母也吸烟，而且有着30年的烟龄。于是，贝索斯便自作聪明地开始计算祖母吸烟的次数。计算的结果是：祖母的寿命将因吸烟而缩短16年。当他得意地把这个结果告诉祖母时，祖母伤心地放声大哭起来。

祖父见状，便把贝索斯叫下车，然后拍着他的肩膀说："孩子，总有一天你会明白，仁爱比聪明更难做到。"祖父的这句话虽然只有短短的19个字，却令贝索斯终生难忘。从那以后，他一直都按照祖父的教诲做人。

"回去勇敢地面对他们，我们家里容不得胆小鬼"

美国前第一夫人希拉里·克林顿在4岁的时候，她家从外地搬到芝加哥郊区的帕克里奇居住。来到一个新环境后，活泼好动的希拉里急于交上新朋友，但很快她就发现这并非易事。每当她到外面去玩耍时，邻居的孩子们不是嘲笑她就是欺负她，有时还将她推来推去或将她打倒在地。每当这时她都会哭着跑回家去，再也不出家门了。

希拉里的母亲静静地观察了几周后，终于有一天，当希拉里又一次哭着跑回家时，母亲站在门口挡住了她的去路。母亲大声对她说："回去勇敢地面对他们，我们家里容不得胆小鬼。"希拉里只得又硬着头皮走出家门，这让那些欺负她的孩子大吃一惊，他们没料到这个小丫头会这么快又回来。在以后的岁月里，每当遇到困难与挫折时，希拉里都会鼓起勇气，大胆地迎接挑战。

[你可以失去你的财富，但是你决不能失去你的性格]

原美国布朗大学校长，现任卡内基基金会主席瓦尔坦·格雷戈里安的童年十分不幸，在他6岁的时候，他的母亲便因病去世了。是他的祖母在伊朗的山区将他带大的。

格雷戈里安的祖母也是一个很不幸的女人。由于战争和疾病，她失去了所有的孩子。虽然命运对她十分不公，但她并未因此失去对生活的信心。

为了让格雷戈里安从失去亲人的阴影中走出来，健康快乐地成长，祖母经常教导他说："孩子，有两件事一定要记牢。第一是命运，那是你无法控制的；第二是你的性格，那可是在你掌握之中的。你可以失去你的美丽，也可以失去你的健康和财富，但是你决不能失去你的性格，因为它是掌握在你自己手中的。"祖母的这句话在格雷戈里安的成长道路上，起到了十分关键的作用。

"如果有什么事情值得去做，就得把它做好"

沃尔特·克朗凯特是美国著名的电视新闻节目主持人，他从孩提时代就开始对新闻感兴趣。并在14岁的时候，成为学校自办报纸《校园新闻》的小记者。

休斯敦一家日报社的新闻编辑弗雷德·伯尼先生，每周都会到克朗凯特所在的学校讲授一个小时的新闻课程，并指导《校园新闻》报的编辑工作。有一次，克朗凯特负责采写一篇关于学校田径教练卡普·哈丁的文章。

由于当天有一个同学聚会，于是克朗凯特敷衍了事地写了篇稿子交上去。第二天，弗雷德把克朗凯特单独叫到办公室，指着那篇文章说："克朗凯特，这篇文章很糟糕，你没有问他该问的问题，也没有对他做全面的报道，你甚至没有搞清楚他是干什么的。"接着，他又说了一句令克朗凯特终生难忘的话："克朗凯特，你要记住一点，如果有什么事情值得去做，就得把它做好。"

在此后七十多年的新闻职业生涯中，克朗凯特始终牢记着弗雷德先生的训导，对新闻事业忠贞不渝。

[只管去干活就行了，然后拿着钱回家来]

托妮·莫里森是美国著名黑人女作家，1993年诺贝尔文学奖获得者。在莫里森的少年时代，由于家境贫困，从12岁开始，每天放学以后，她都要到一个富人家里打几个小时的零工。一天，她因工作辛苦向父亲发了几句牢骚。父亲听后对她说："听着，你并不在那儿生活。你生活在这儿。在家里，和你的亲人在一起。只管去干活就行了，然后拿着钱回家来。"

莫里森后来回忆说，从父亲的这番话中，她领悟到了人生的四条经验：一、无论什么样的工作都要做好，不是为了你的老板，而是为了你自己；二、把握你自己的工作，而不让工作把握你；三、你真正的生活是与你的家人在一起；四、你与你所做的工作是两回事，你该是谁就是谁。

在那之后，莫里森又为形形色色的人工作过：有的很聪明，有的很愚蠢；有的心胸宽广，有的小肚鸡肠。但她从未再抱怨过。

懂得取舍，选择并不难

当今社会，物质生活越来越丰富，逐渐趋于无限化，而人的生命却是有限的，要想用这有限的生命，去感受无限丰富多彩的花花世界，去感受生命在每一个可能中所迸发出的各种精彩，那是不可能的，选择时要懂得取舍。

[1]

上本科时，我有个习惯，凡是学过的科目、知识点，不管重要与否，考与不考，临考前都喜欢一字不漏地复习一遍，甚至连标点符号也从不漏掉。当然，如果能够在有限的时间内掌握所有的知识，那将是非常完美的事情。但对某些以及格为通过标准的考试来说，如大学英语四级考试，如果复习备考时要求从单词到语法再到各种题型全部都要理解掌握，没有区分对待，不分主次重点的话，那将是一项很大的工程，不仅费神，而且得不偿失。

但那时刚刚上大学的我，就是这样备考的。在经历了两次痛苦的“复习——考试——失败”循环后，我认识了一个学霸师姐，并有幸得到了她的点拨。

在查看了我做过的英语四级考试试卷后，师姐帮我分析说：“你之前之所以没有通过考试是因为你复习太过于细致，没有突出重点。大学英语四级考试其实只要达到60%的考试成绩分就是可以通过的，而听力与阅读理解占了

70%分数，如果这两部分能够拿到80%的分数，那么整体分数就会拿到56%的分数，而剩下的题型——英语写作与完形填空很容易就能拿到4%的分数，从而通过四级考试了。”

听了她的话，我顿时觉得茅塞顿开，自己之前的复习看似认真刻苦，但是“眉毛、胡子一把抓”，没有重点，没有取舍，最终导致越学知识点越多，越学越厌学，英语四级考试成绩不理想也就成了顺理成章的事。后来，我遵循那位学霸师姐指导我的复习观点，不但在随后的英语四级考试中没太费劲复习就顺利通过了考试，而且还仅用了1个多月的复习时间又顺利通过了大学英语六级考试以及研究生入学考试。

[2]

同学小Q是个非常有主见的人，喜欢追求新鲜的事物，爱好挑战自己，曾经利用一个周末的时间一个人一声不响地跑去澳门塔蹦极，等到周一再次见面时大家才知道此事，而她则笑笑说是周五晚上临时决定的，所以才没有告诉大家。总之，一句话，这是个心很野的丫头。

虽然小Q喜欢冒险，为人大胆好玩，但她同时也是个不折不扣的学霸，上学期间年年能获得年级奖学金，并且还多才多艺，每次学校组织个什么晚会之类的活动，她都是主角。因此，在小Q顺利研究生毕业后也获得了留校的机会，但出乎所有人意料的是，小Q选择了回到她家乡的小县城去经营父母的面店。

为此，大家都困惑不解，但小Q却非常坦然且坚定地告诉我们，她的父母年纪大了，需要人照顾，所以她必须回到家乡，回到父母的身边。

“那你岂不是没有更多的机会去看外面的大千世界了吗？你不后悔

吗？”有人这样问她。

“选择回到家乡，照顾父母，经营面店，这是我的选择，只要是经过自己的选择而走的路就不会后悔，我不后悔自己的选择，因为跟家人在一起，一起享受美好的生活才是属于我的幸福！”小Q微笑以对。

诚然，我们在成长的路上会遇到这样或那样、大大小小的选择，各种各样的岔路口，而人生却是短暂的，不可能让我们有机会把所有的岔路都走一遍，所有的精彩都经历一遍，人生是要有选择的。但只要我们懂得什么才是对自己最重要的，懂得取舍，我们就可以勇敢地去做选择，并对自己的选择无怨无悔，最终去收获属于且适合自己的那一份精彩。

好好吃饭，哪还有坏心情

有一位日本禅师，日日修行，也没什么别的嗜好，唯独喜欢甜食。在他病重的时候，弟子们从全国各地赶来探望，当然也不忘带一些点心送给恩师，好让他在圆寂前尝一尝。到快要坐化的那一刻时，老禅师一如其他道行高深的修行者，端坐席上，神情平和。但然后，他竟然拿起了一块甜饼，放进口中，有点艰难地慢慢咀嚼。吃罢，他微微启唇，好像要说点什么，于是弟子们统统紧张地凑过去，心想师父要做他人生中最后一次开示了，非得好好听清楚不可。老禅师终于说话了，他只说了两个字："好吃！"然后就断了气。

一个人走到了生命的最后一刻，心中想的竟然还是适才甜品的滋味，留下的遗言竟然还是对那块甜品的赞美，没有任何告别，更没有不舍与恐惧，他还不算最厉害的美食家吗？所谓的美食家难道不就该是这般模样吗？一心一意地对待眼前的食物，心无旁骛，甚至置生死于度外。

后来大家都说这位禅师真是高，已经达到觉悟的境界了，理由是佛学的修行最讲究一个人是否时刻"正念"。

"正念"指的就是非常专注地活在当下，走路时专心走路，睡觉时专心睡觉，不执着于过往发生的事，也不忧虑未来的烦恼。这种状态自然是快乐的，同时也是无我的，因为它完全切断了"我"的过去与未来，不把过去发生的事情当作自己的事，也不把将来的"我"看成是现在这个"我"的延续。要在平常达到这种状态已经很难，要在死的那一刹仍然保持这种状态就更难了，所以很多人都认定这位“甜品禅师”是真正的涅槃了。

其实我们天天进食，又何曾试过每一餐、每一口都专心地吃呢？吃早餐的时候看报纸，吃午饭的时间变成一场工作会议，晚餐吃的是“电视汁捞饭”。我们有多久没试过好好地、一心一意地对待眼前的食物了？如果我们专心地吃，食物的味道会不会变得和平常不一样呢？我们常常为一些吃斋的人感到可惜，为一些饮食上有诸多禁忌的人扼腕。可是回头细想，我们平常囫囵吞枣地吃东西，甚至吃这一顿的同时就念着另一顿，难道这就是享受了人生、懂得饮食的乐趣了吗？

看来美食家起码可以分成两类：绝大多数都是心思敏捷、想象力丰富，吃一块肉的时候，会回味起从前远方某家菜馆的手艺是如何高明，或者惦念着明天的一顿盛宴；少数像甜品禅师这样的，则全神贯注于眼前所见、嘴中所尝，对这种人来讲，或许连一口白饭都是人间至味。

日本还有一位以烹调料理闻名的禅僧藤井宗哲，他曾经在新干线的一趟列车上遇见一位青年，这个年轻的上班族把公文包放在膝上当小桌，一边喝啤酒一边看杂志，顺便拿出便当来吃。

宗哲和尚注意到，这位青年“是以看杂志为主，顺便吃便当”。他的行为“不过是把‘进食’当作机能性动作，也就是将食物放入口中，机械地咀嚼后，经过喉咙，最后储存在胃袋”。宗哲和尚好整以暇地看着这位上班族，发现“他的目光始终盯着杂志，根本感觉不到便当的存在。这类人的饮食生活，可称之为‘机器人进食’”。

说来惭愧，我也是个进食机器人，常常一个人吃饭，吃的时候也是丢不开书本杂志，生怕浪费了吃饭的时间。再推想下去，平日的工作餐或饭局，岂不也是如此？为什么很多饭局明明叫了一桌子菜，走的时候都剩下许多未尽的菜肴，偏偏回到家后还会觉得饿呢？那是因为在饭局里我们往往专注于说话而忘了食物。没错，食物常常不是饭局的主角。我很少听到有人说：“喂，有家餐厅很不错，我们约某某一起去吃吧。”绝大部分的情况是反过来，先是想好要约哪些人，然后才去找个饭馆成全大家的聚会。

无论是一个人吃饭的时候看书报、电视，还是一堆人找个吃饭的地方开会谈生意，都是我们不想浪费时间的表现。真是讽刺，这是个美食发达的年代，几乎人人都是美食家，偏偏我们还会觉得吃饭是件浪费时间的事情。大概人们心中有个标准，觉得日常三餐仅是必要的营生手续，可以随便打发，任意填上其他活动；而美食，则是一种很特别、很不日常的东西，必须严阵以待。

不过，要是我们用对待美食的态度去对待最简单不过的食物，又会产生什么效果呢?

前几年，越南高僧一行禅师来香港访问。在他主持的禅修营里，他教大家用很慢很慢地速度吃饭，吃的时候不要交谈，全神贯注于眼前的菜肴，这就是所谓的“正念饮食”了。一行禅师曾以“橘子禅”说明正念饮食的方法：不要像平常那样一边剥橘子一边吃，而要专心地剥开橘子的皮，感受它刹那间射出的汁液，闻它散发于空气中的清香。然后取出一瓣橘肉，放进口中缓慢地嚼，全神贯注地体验门牙咬断它、臼齿磨碎它、舌头搅动它等每一个动作，直到它几近液化，被吞咽下去为止。

如果你这么做，你会对一瓣最普通的橘子产生前所未有的全新感受。你还会发现自己用不着专程购买一枚昂贵的意大利血橘，因为你根本不曾知道什么叫作吃橘子。最美妙的是，这种修行还会引导你注意吃的过程，仿佛，你不曾吃过。

比一行禅师的橘子禅更夸张的，是美国佛学导师康菲尔德的葡萄干修行法，他教导学生们用十分钟去吃一颗葡萄干，很多人吃完之后竟然觉得太饱了!

我们不可能每一顿饭都这么吃，但至少可以每天花一点时间练习心无旁骛地正念饮食。你也不用觉得它是个宗教色彩很浓的仪式，你只需要把它当成认识美食的基本练习就行了。

你的世界大了，烦恼也就小了

[1]

经常有读者请我帮他们解决烦恼，而有些烦恼，根本无解。

比如婆媳矛盾、家庭矛盾；在公司有一个烦人的同事；或者身材不好，易胖体型，对外形缺乏自信，等等。

任何一个轻率的建议，都不可能解决你的问题，相反，可能增加你的烦恼，让你对自己失去信心与耐心。

比如婆媳关系，很多人给出的建议是跟婆婆分开住，不要她帮忙做家务、带孩子。然而随之而来的问题是，你们的收入能不能承受一个人全职回家或者请保姆；即使经济上压力不大，全职回家对于女性而言，也是风险较大的选择；另外，万一保姆比婆婆还烦人怎么办？

比如很讨厌的同事，他们往往混得比你春风得意（如果混得比你差，你早想开了），你肯定是看不上他又灭不了他。至于跟他学，效果往往是东施效颦，更解决不了问题。

又比如身材不好。虽然穿搭心机能够解决部分问题，但我发现苦恼于自己身材不好的女生，都有一个特点，就是不甘于把某一类适合自己的穿搭进行到底，很喜欢挑战不能驾驭的风格。

生而为人，有些烦恼可以解决，但更多的烦恼，其实与我们的呼吸一样，无法解决。它就在那儿，像一只只小爬虫，伤不了人，却总让你不舒服。对这些解决不了的烦恼怎么办？

答案很简单，你可以跨越它。

[2]

过去有个大户人家，一家人都在抱怨新厨子做饭不好吃，只有这家的老爷，顿顿开心吃三大碗饭。家人以为他口味独特。姨太太实在忍不了，跟老爷商量能不能换个厨师。老爷说："随你们啦，我哪有工夫关心厨师做饭好不好吃。"

原来，老爷并不是觉得厨师做饭好吃，而是他胸怀天下，眼睛看向远处，根本顾不上饭好不好吃。

为什么有些东西，在有人眼里是天大的烦恼，有人眼里就是空无一物？你所关注的东西、所身处的世界，决定了那些小烦恼能不能入你的眼、入你的心。

我的一个朋友，在武汉读书时天天为自己的身材发愁，几乎抑郁了。

她让我明白有一类人，是减肥天敌、肥胖伴侣。本身骨架大，无论怎么努力，都成不了瘦子，卧薪尝胆勉强脱离了微胖界，一不留神吃了几顿饱饭，又回去了。

本科毕业后，她去美国读研。在美国，她买的是S码衣服，运气好的话，连XS码都能穿了。忽然有了一种天宽地大的感觉。

加上她读社工专业，频繁参加美国社区救助活动，接触单身妈妈、单亲家庭的孩子，帮助他们走出心理阴影。她的舞台越来越大，再见面时，虽然还是胖，但身材已经不是事儿。甚至我看她都没什么个人烦恼了，嘴里念叨的都是宏大的社会学课题。

她变得豁达了，并不是她努力克服了自己的狭隘，而是她的舞台变大了，烦恼自然就变小了。

[3]

如果你的烦恼特别多，一定不是因为你的运气特别差，而是因为你的世界太小、舞台太窄，你关注的只有眼前的一亩三分地，而这上面，特别容易滋生那些属于生活本身的、无法治愈的疑难杂症。

所以我从不主张单纯地由烦恼入手，去解决烦恼。烦恼就是我们生活本身，唯一的解决之道是你站在什么样的维度去看它。

我女儿学钢琴，有一些曲子，她很努力也弹不好，十分苦恼，觉得自信心受打击。我告诉她，你只管向前走，等你弹过更多的曲子，再回头看这些，都不是事儿了。

这一招对女儿非常有效。每当她感觉受到了挫折，就会自我安慰：等我学完第二本书，第一本书就变简单了。

放眼未来，让女儿小小的世界变大了。她大约也慢慢开始明白，眼前解决不了的烦恼，放置于一个更长的时间段、更广大的成长空间，烦恼自己消失了。

[4]

为什么同事之间人际关系的烦恼，可以压垮一些人，而对另外一些人却完全没有杀伤力？

因为后者关注的不是今天谁说了什么，而是公司的发展、自己的未来。他们脑袋里想的是明天该去上什么课，下个月要报一个什么样的培训班，年底的出境游能不能抢到便宜的机票，5 年后的自己会在哪里……

当一个人的内心有一片草原，头顶有一片天空，就不会在乎谁拿了自己的仨瓜俩枣。

人生都是烦恼的。不在于你遇到了什么，而是你的格局决定了你怎样看待那些烦恼，能不能无视与放下。

所以，解决烦心事的根本，不在于换一个老公、换一家公司、清理周围不喜欢的人与事，而在于喂养自己的草原，找到自己的天空。

心情不好，更要好好说话

[1]

昨天跟老秦带孩子去汉阳陵看银杏，本来挺好的事儿，然而八小时内，至少有二次，我差点被老秦噎死。

首先是出发前，老秦买菜回来，我随口问他："外面冷吗？"因为不确定要给孩子穿多少衣服，结果老秦回答："我又不是你，怎么知道你会不会冷？"

我顿时被噎得说不出话来，想了两秒钟才反驳："我当然是问你的感觉，我并没问你我冷不冷啊。"

"每个人对温度的感觉是不一样啊，夏天的时候我每次都热得不要不要的，你却说不热，不让开空调啊。"大概看到我在翻白眼，老秦于是说，"你要问我的感觉，我觉得不冷。"

啊！！我有一点小抓狂，你觉得冷或者不冷，直接回答不就OK了吗？还扯出旧仇新恨来了，可他偏脑袋像被门挤了似的，非这么较着真回答，简直是挑衅。

到了汉阳陵，我又被他噎了一次，他带小朋友从厕所出来，我随口问："厕所干净吗？"

"我不知道，我没去女厕所。"

我倒吸一口冷气，准备翻白眼，但是，我忍了，在外边玩，我不想发火："那么，男厕所干净吗？"

老秦想了想却回答："我没注意，要不，我再帮你回去看看？"

噝！！这要是笑眯眯地说这种话，你会觉得他在逗你，可偏一副一本正经的欠捧模样。控制，控制，这男人是你自己选的！我这样安慰自己。

然而，也就十分钟后，我选的男人第三次给我以重创。

从南阙门出来，我们要去银杏林，不知道要怎么走，老秦说来的时候好像看到了个涵洞，应当从底下钻过去，我看到有人横穿马路，便说大家都这么走，随大流吧。

然而跟着大多数人上了马路，才发现那是高速，而且无法到达银杏林，想下去却来不及了，好在因为是景区内的路，人流很大，车不多而且车速很慢。

结果秦君说："这么多人，全都是作死，不出事儿才怪！"

他恶狠狠地强调了"作死"两个字。至此我已经接近崩溃的边缘。

是的，老秦说的都对，回答问题也非常严谨：他不知道我会不会冷，他也不知道女厕干不干净，贸然走上高速，的确是"作死"。

但是，每一句都让我听着极其不舒服，这些话就像鱼刺一样，让我如鲠在喉！

[2]

有时候是这样，越是亲近的人，说话越不经大脑，怎么"直"怎么来。

我们的客气、礼貌乃至教养，是表现给同事、朋友、领导甚至陌生人的，真正的亲人之间，反而倒非常随意，动不动恶语伤人，完全不去深想这样说话会给听者造成多么大的伤害。

"嫁给你算是瞎了眼。"

“你给我听好了，我再管你的事儿，我就是有病。”

“你又在乱扔袜子，和你说过一百次了，没一次记住。”

这种话不陌生吧？你可能听过，甚至可能说过，有时候语气还很糟糕，夹杂着“没好气”和“我早就受够了”。

话说完，气也消了，但是这些像刀子一样的话，造成的影响却不会消失。

最近出现了很多关于好好说话的文章，比方，谢可慧那篇《你好好说话会死吗？》，以及前阵子的《所谓恩爱，就是好好说话》，我猜最近这些文章流行的原因，大概是因为大家都发现了不好好说话带给我们的伤害。

我百分百相信，我们每个人都烦别人对自己不好好说话，但是，又肯定和别人“不好好说话过”。

的确，很多时候，因为烦、因为气，我们说话总是恶声恶气，颐指气使，甚至反讽挖苦，总之，不一剑封喉不罢休。

我亲眼见我们楼下的小超市里，有个姑娘买的一包锅巴过期了，气势汹汹地前来理论：“你们超市怎么出售过期产品，想吃死人啊，告诉你们，我朋友就在报社上班，小心曝光你们……”

结果售货的小姑娘也是个暴脾气：“那你把你朋友叫来曝光啊！”两个人你一言我一语，眼看即将开撕，所幸店主及时出现了，问怎么回事，店里的小姑娘回答：“这个人好奇怪，她来了不说要干吗，又是吃死人又是报社记者的，吓唬谁呢，她好好和我说，这东西过期了我一早就给她退了。”

也是，来退货的姑娘虽然是受害者，但气焰也实在嚣张得不像话，就算你有理，有理就不能好好说话了吗？为什么一定要把人踩在脚底下，恨不得再唾上两口，何况人家也没抵赖，没说不退货啊？

这件事，也给了我点启发，那就是不肯好好说话的人，大概要么觉得自己有理，要么觉得自己委屈。因为自认为理亏的，一般不会如此高调。

[3]

很多时候，低声细语，彬彬有礼，反而会取得事半功倍的效果。

有一次楼上几个小孩趁家里大人不在，又吵又闹，楼下的邻居非常气愤地去理论，结果他们吵得更凶了。

楼上是一位退休教师，大概也被吵得不像话，只好亲自“出面”，他柔声细语地和那帮小孩儿说：“我老伴睡眠不太好，你们轻点儿可以吗？谢谢啦。”

几个叛逆的小孩儿竟安静下来了。

不是小朋友们吃软不吃硬，而是他们感受到了“尊重”的力量，有时候不听你说话，不是你不在理，而是因为，你不够尊重对方，一句话，你没好好说话。

开心的时候，好好说话并不难，难的是，在你心情不好、沮丧甚至绝望的时候，依然彬彬有礼、好声好气地说话。其实，一个人最基本的教养，就表现在说话上边，尤其是情绪不佳时候的说话方式。

前阵子看了个纪录片叫《人间世》，一个24岁的年轻人，因为一顿海鲜发生感染，送去医院抢救，最后还是不治身亡。几个月后，主治医生收到家属发来的一条信息：现在孩子已经入土为安，我们也正从阴影中走出来，谢谢你们，一切都会好起来的。

这个医生几乎每天都要给病人做手术，有的人痊愈了，有的人永远离开了，他说经常收到痊愈的人发来的感谢信，没救治过来反而对他说感谢的情况极其罕见，他说这条信息，让他温暖了好久，他确定这一家人都是极有教养、极有素质的人。

因为这种时候，是伪装不出来的。

[4]

对人客客气气，是最基本的尊重。人在情绪不好或者累了、烦了的时候，怎么说话最见一个人的修养。而对家人的态度，比对外人的态度，更见一个人的本性，因为大家在家人面前，不太“装”，可是不装不意味着可以话里夹枪带棍。

俗话说“良言一句三冬暖，恶语伤人六月寒”，自己的家人，当然也不例外，一句伤人的话，你说过就忘了，被你伤害过的人，却可能要暗暗舔好久的伤口方可痊愈。

温暖的提醒，永远胜过咄咄逼人的诘问。

我们不是演讲，也不是做脱口秀，而是在和人说话，说话的目的，不是为了让人印象深刻，而是有效沟通。

沟通，意味着两个人要处于对等位置，不高高在上，不颐指气使，而是心平气和地，说话！

修好你人生的品

无论干什么，

也无论在什么地方，

你都要本着做人的良心，

厚德明礼、积极上进。

这样你就是不能做出一番大事业，

你也能做到不愧天地、不愧心！

做事先做人，占有好人品

做事先做人，这是自古不变的情理。如何做人，不仅体现了一个人的智慧，也体现了一个人的涵养。一个人不论多聪慧，多能干，背景前提有多好，如果不理解做人，人品很差，那么，他的事业将会大受影响。

只有先做人才敢做大事，这是古训，祖先早就强调了“做人为先”的重要性。咱们的先人——孔子，其思维可以说是中国力千年文明底蕴的积淀，他告知我们“子欲为事，先为人圣”“德才兼备，以德为首”“德若水之源，才若水之波”。因而可见，中华民族历史来讲求做人的一本正经理。

我们从小到大，有关做人的道理耳熟能详。然而，品性优劣却人各有异，做事的成果也天壤之别。任何失败者都不是偶尔的，同样，任何成功者的成功都是其偶然性，其中最重要的一个因素就在于怎么做人。

美国加州数码影像有限公司须要应聘一名技巧工程师，有一个叫史密斯的年青人去口试，他在一间空阔的会议室里局促不安地等候着，不一会儿，有一个面貌平平、穿着朴实的老者进来了，史密斯站了起来。那位老者盯密斯看了半天，眼睛一眨也不眨。

正在史密斯手足无措的时候，这位老人一把捉住史密斯的手说：“我可找到你了，太感激你了！上次要不是你，我可能再也看不到我的女儿了。”“对不起，我不明确你的意思。”史密斯一脸困惑地说道。

“上次，在中心公园，就是你，就是你把我失足落水的女儿从湖里救上来的！”白叟确定地说道。史密斯清楚了事件的原委，原来老人把自己当成他女儿的救命恩人了。“先生，你肯定认错了！不是我救了你的女儿！”史密斯恳切地说道。“是你，就是你，不会错的！”老人又一次肯地地说。

史密斯面对这个对他感谢不已的老人只能做些无谓的说明：“先生，真的不是我！你说的那个公园我至今还没有去过呢！”听了这句话，老人松开了手，扫兴地望着史密斯说：“岂非我认错了？”史密斯抚慰老人说：“先生，别焦急，缓缓找，必定可以找到救你女儿的恩人的！”

后来，史密斯接到了录取告诉书。有一天，他又碰到了那个老人。史密斯关心地与他打召唤，并询问道：“你的女儿的救命恩人找到了吗？”“没有，我始终没有找到他！”老人默默地走开了。

史密斯心里很沉重，对旁边的一位司机师傅说起了这件事。不料那师机哈哈大笑：“他可怜吗？他是我们公司的总裁，他女儿落水的故事讲了好多遍了，事实上他基本就没有女儿！”

“噢。”史密斯百思不解。那位司机接着说：“我们总裁就是通过这件事来提拔人才的。他说过有德之人才是可塑之才！”

史密斯爱岗敬业地工作，未几就脱颖而出，成为公司市场开发部总经理，一年为公司博得了3500美元的利润。当总裁退休的时候，史密斯继续了总裁的位置，成为美国的财富伟人，妇孺皆知。后来，他谈到自己的成功教训说：“一个一辈子做有德之人的人，相对会赢得别人永恒的信赖！”

世间技能无限，唯有德者可以其力；世间变幻莫测，唯有人品可立毕生！这就是作为一个成功人士或盼望成为一个成功人士应当具备的优良品德。

详细到上面的故事，面对老者的“错认”，史密斯完全可以“一误再误”，反正这是一桩好事，况且又是老者自动认自己为女儿的救命恩人的，本人完全能够接受这一美誉，此事也可能给自己的求职助一臂之力。然而，正直、老实的史密斯却不这样做，他一口否定了这个事实，由此也凭着高贵的德行驯服了公司的总裁，终结怀才不遇，一直升迁，直至登上公司最高地位。

由此可见，在寻求胜利的途径上，做人的重要性、道德的重要性、人品的重要性有多大。假如当初史密斯昧着良心将美誉安到自己身上，也就不可能跨进那家数码影像有限公司了，更不可能成为公司的最高领导了。

《左传》记载；“太上有立德，其次有立功，其次有立言，传之长远，此之谓不朽。”意思是说，最上等的是确立崇高的品格，次一等的是建功立业，较次一等的是著书立说，如果这些都可能久长地传播下去，就是不朽了，此地方说的“破德”，便是指会做人，拥有好人品。

好人品是人生的桂冠和荣耀。它是一个人最可贵的财产，它形成了人的位置和身份，它是一个人信用方面的全部财产。好人品，使社会中的每个职业都很光荣，使社会中的每一个岗位都受到鼓励。它比财产、才能更具威力，它使所有的声誉都无偏看法、得到保障。

操行不佳的人，在这个世界上会损失良多机遇。治理学上有一种“中庸”实践，意思是说，任何一个想要稳步发展的组织，都要划分出三个品位，首先是品学兼优，其次是德高才中，最后才是德才中等，独一不可用的是有才无德的人，由于这样的人极其危险。

正如《三国演义》中的吕布，能征善战，好汉无敌，但品德低下，先认丁原做义父然后杀丁原，后认董卓做义父而后负董卓，最终被曹操抓起来，再也不敢用他，只得把他杀掉。

人生道路，无论你是用人还是为人做事，都要牢记“做事先做人，占有好人品”这句规语，好的人品将有助于你走上成功之路。

保持你对每个人应有的尊重

[1]

公司里有位员工，无论换哪位领导，她都能跟领导搞好关系，相处融洽，所以每年评奖评优时，优秀、上台领奖这种事自然而然都会落在她身上。我很好奇她到底有什么过人的本领。

后来因为工作关系，我跟她有过几次业务上的接触，才发现，我也喜欢和这样的人打交道。无论你提出什么见解，她总是给予认同和肯定，而且还能提出自己的思路和意见，并通过沟通让你了解、理解或认同她的观点。

跟她一起工作，连工作也变得非常惬意、非常舒服。不排除她思维活跃、业务熟练、经验丰富等能力方面的因素，但她身上更宝贵的品质就是她懂你，她尊重你的想法，她知道你需要什么，她会击中你内心的柔软，让你的心一下子变得暖暖的。

[2]

朋友的女儿从德国来玩，当天天空灰蒙蒙的。朋友B怕天气和德国相差很多，让她对中国印象不好，就自我解嘲地说，这两天雾霾有些厉害。没想到朋友的女儿脱口就说："没觉得不好。"我和朋友B会意地点了点头，觉得这女孩说得人心暖暖的。

这算虚伪吗？有些自认为耿直、诚实的人可能会认为这是虚伪，违心地不说真心话，明摆着的事却不承认，明明天气就是灰蒙蒙。但是这样的人，她就是有穿透雾霾看懂阳光的能力，就能在你感觉内心柔软的时候，给你一点力量。哪怕这么一点点，也会让你的心有被抚慰了的温暖。因为她“懂”你国家的国情，她尊重你们所处的环境。

[3]

女儿刚考完试，说可能考得不好。我安慰她说：“没关系，下次早点复习，准备得充分点儿。”

她忽然很生气，说：“你认为我复习得还不够好吗？还不够努力吗？”看着她生气，我知道话没说在点子上，就默不作声。心想本来是安慰她的，却惹得她生气。

过了半日，估计她还在介怀这个问题，又问我：“万一我考得不好怎么办？”

我吸取了上次的教训，换一种方式安慰说：“没关系，可能考试题比较难。你觉得不好，别人也觉得不好。下次我们好好考。”

她又不高兴了，说：“难道自己考不好，就要认为别人也考不好吗？怎么能把考不好都怪在考题难上，再说哪有那么多下次，下次要几个月后，你以为考试机会那么多吗？

我又没回答到她想听的答案上。我都不知道跟她怎么说话了。在她情绪不高的时候，还是尽量别惹她了，马上转移话题。唉！情商如我，人生路漫漫啊。我得修炼多长时间才能过关啊。我也想尊重她，也想安慰她，但离能做得好的距离还很遥远啊。

[4]

没想到幸运的是，我获得了第三次回答这个问题的机会。到了晚上，她又担心地跟我说起：“我错了三道选择题了，怎么办？”

我又换了一种方法安慰，就说：“你已经复习得够好了，已经很不容易了。相信你自己，成绩没出来之前不用担心。”

这次终于闯关成功了。

她居然笑着说：“是的。妈妈。你这样说，我觉得很安慰。我觉得我复习得也够认真的啦。我都复习四轮了，反正我尽力了。”

看着她如释重负的样子，我也感到很欣慰。其实她虽然认为考得不好，但成绩并没出来，她只是有一点点担心，内心缺乏一点点自信，需要你帮她找回自信而已。

之前的两次，我也认为她没考好，所以安慰她，没有肯定她。第三次，我先肯定了她，说她复习得够好了，已经很不容易了。她就得到了和她内心一样的答案。她也觉得自己够努力了，够尽力了，至于结果怎么样，就不去管它了。

我们亲密为母女，但想要触摸到她心底的那层柔软，也隔着千山万水。“懂”一个人是多么的不容易啊。

[5]

为什么懂得尊重的人，会让人有暖暖的感觉呢？因为懂得尊重的人恰巧满足了我们所有人对尊重的需求。

美国心理学家亚伯拉罕·马斯洛1943年在《人类激励理论》论文中所提出将人类需求像阶梯一样从低到高按层次分为五种，分别是，生理、安全、社交、尊重和自我实现需求。

尊重又分内部的和外部的。

内部的是自尊，指一个人希望在各种不同情境中有实力、能胜任、充满信心、能独立自主。

外部尊重是指一个人希望有地位、有威信，受到别人的尊重、信赖和高度评价。

也就是说当我们吃饱喝足，处在一个安全的社交环境中时，接下来的需求就是尊重需求，这是每个人都需要的。

[6]

工作、生活中，口口声声称尊重的人不少，但真正能做到尊重却不容易。

尤其在亲密的亲子、夫妻和亲人关系中，大家往往因为过于亲密，说话过于随便，忽略了尊重，忽略了忍耐，时不时地伤了对方的心，却无从知晓。

亲子关系中，经常听家长说，让孩子不要玩游戏，赶紧去学习，却被孩子说成唠唠叨叨很烦人。

夫妻关系中，对于妻子的叮咛与嘱咐，有些丈夫却认为是妻子想把自己拴在家里，是想控制自己。

同事关系中，好心地提醒却被理解为多管闲事。

所以大家偶尔也会感到好心没好报。明明是对她好，明明想让她感受我的善良、我的体贴、我的温度、我的热情，到后来却一言不合、一拍两散，落得让人无语凝噎，让人欲将心事付瑶琴，感慨知音少，弦断有谁知的结局。

[7]

做人很不容易。

若连亲密的爱人、贴心的父母、知心的儿女都不能说心里话了，都不能随意讲话了，那这世上还有可以信任的人吗?

所以说人很容易感到孤独，感到高山流水、曲高和寡，感到不被人理解。

但是如果我们从人类需求的角度去分析，理解了任何人都有内部自尊和外部尊重的需求，都渴望获得信心与自主性，能胜任人生的各种角色时，就不难理解了。

有些人认为，我为什么要讨好别人。我想说什么就说什么，我愿意做什么就做什么，我就喜欢心直口快，就喜欢没心没肺，没那么多花花肠子。

有些人，当面说了很多违心的尊重别人的话，但背后里又大倒苦水，不吐不快，仿佛因为违心说话受了很大的委屈。

如果因为尊重别人而让自己感不到尊重，那只是单边尊重。

在尊重别人的过程中，表达自己的想法和愿望，希望同样获得别人的尊重，这才是双赢的智慧选择。让别人心暖暖的同时，自己的心也要感觉暖暖的。

[8]

亲密的关系中，这种感觉尤其重要。

举个例子，朋友B最近情绪很不好，孩子学习成绩差，工作不理想，加薪无望，升职更没机会，年纪轻轻就感觉每天像混日子一样，心情低到极点。

当他跟妻子说起这些时，妻子只淡淡地说了句：“你也不错的，不能看轻自己。”

朋友B说本以为妻子会埋怨他“整天一点追求都没有，还指望加薪升职，你一辈子只能这样啦”。或是跟自己一样吐吐槽，发发牢骚。但是没想到妻子的一句话，让他感觉自己还是很有希望的，自己还是不错的，心里的糟糕情绪一下子被抚平了，暖暖的。

其实他也算优秀，只不过在一家平台不大的公司，未来想有大的发展也谈不上。他内心可能有些焦虑，但他妻子恰到好处的尊重，抚慰了他内心的柔软。

[9]

围绕我们的各种关系，恋人、爱人、夫妻、父女、母女、婆媳、翁婿、兄弟姐妹、妯娌、同事、上下级关系，等等，每一种关系，都需要彼此尊重。

尤其是在各种关系建立初期，大家情深意浓，恨不得融合成天底下、人世间最亲密的、让人艳羡的关系时，彼此心里不设防，而将内心各种想法展露无遗。在这种情况下，反而更容易因为一言不合而触动内心深处的柔软，让人感觉自尊受到了伤害。

可能有些人大咧咧说没关系，有些人表面不露声色，但都不一定能阻止他们在夜深人静独自品尝自尊受到伤害的感觉。

说实在的，谁都不容易。

谁都想成为感觉自信、能胜任人生各种角色、拥有独立自主支配时间和自由的人。但是我们身处竞争的社会，不可能回避人际交往，也不可能不受伤害。我们只能独善其身，尽可能地保护自己的自尊不受伤害，尽可能地不去打击别人，不伤害别人的自尊。

我们拥有的宝贵资源之一就是各种人际关系，却也要在这些关系中如履薄冰，且行且珍惜。

小心触摸心灵的温度，即便亲为母女，也要保持尊重，让她心里暖暖的，这样我们自己的心也会暖暖的。

你生活的每一个细节 都决定着你生活的品质

[1]

我在欧洲读书期间，为了赚生活费，曾经做过兼职导游。我带了不少国内来的旅游团，这些客人们虽然来自祖国大江南北的不同地方，但有两个共同点：其一是经济条件普遍不错，人手一只名牌旅行袋和奢侈品手袋；其二是不管他们操着什么地方的口音，下了飞机之后就一定会问我以下几个问题：

“这里的奥特莱斯在哪里？”

“我要帮朋友带点化妆品，要去哪里买？”

“我听说这里的××名牌包很便宜，什么时候安排购物？”

……

虽然我很努力地安排了丰富多彩的游览项目，但城堡、教堂、博物馆对他们的吸引力，似乎远远比不上奢侈品专卖店。就算我费尽口舌地介绍各个景点有怎样的历史和底蕴，他们不过草草拍了几张照片就已意兴阑珊。

有一次，我问一个正在卖场像买白菜一样疯狂抢购名牌箱包的客人，为何千里迢迢地来到欧洲，却把时间都花在这些国内随处可见的品牌店里。她带着一脸难以置信的表情望着我，举起她刚刚抢购到的包说：“怎么会一样呢？这可是限量版啊，无论是做工还是质地，都是国内买不到的。”

在那一瞬间，我很想回问她，那么你这一次所看到的风景、走过的道路、吹过的海风，何尝不是全球限量版的，为什么不好好欣赏？也许这一辈子，都只有这样一次的宝贵邂逅！

但是我没有这样问，就像我不明白一个用动物皮制成的手袋为何能够受到如此疯狂的追捧，卖出比它的成本高出几十、几百倍的价格一样，她们也不会明白这些看似普通的风景和日常的瞬间，究竟有什么意义。

[2]

很多追求“限量版”这三个字的人，实际上并不明白“限量版”这一概念的由来。

在维多利亚时代的英国，流传着不少关于英伦贵族的传说。其中有一个，与皮鞋有关。

在那个时代，贵族阶级的绅士们大多都有几双价格不菲的皮鞋。这些鞋子都是手艺出色的匠人花很长时间和很多精力纯手工制作的，价格很贵，但品质也很优良。如果是穷人家，一双鞋可能穿几个月就要换。但对于很少自己走路、又颇为爱护皮鞋的绅士们来说，一双皮鞋甚至可以保存十年、二十年。在主人日复一日的精心护理之下，时间久了，这样的皮鞋不仅是鞋主人独一无二的珍宝，也成了他们身份的象征。这就是最早的“限量版”。

我曾经看过一本人物传记，书里描写了一个旧时代的伦敦绅士，他的日常爱好之一就是擦鞋。对他们来说，使用历史悠久的旧物不仅不寒酸，反而体现爱物惜物的绅士精神。

但到了如今，虽然我们身边有越来越多的人穿得起昂贵的皮鞋，但又有多少人能够将它们细心护养呢？几乎都是穿了没几年就已破旧不堪。而鞋子的主人也毫不心痛，大不了再买一双就是。那些匠人的辛苦、精选的优质鞋料，对他们来说和机器量产的工艺没有什么分别。他们只看到价格，看不到价值。也许，这就是为什么，我们的身边不缺土豪，却少有真正的贵族。

名牌本身并不能体现社会地位和人的价值，虽然人靠金装，但若只是用钞票换取限量版的服装，并不了解其背后的经典与理念，最后只会让限量成了烂大街的廉价货。钱花了大把，但气质却不升反降。

拥有一个装满名牌的衣柜，是不是就代表你的人生从此也将变得同样高档？想必你已经有了答案。

[3]

一双鞋，经过几十年的岁月磨砺，成为了绝无仅有的限量版；一段人生，同样也能够在时间的发酵下，变成独一无二的限量版。

说到限量版人生，我想讲一个设计师的故事。

她的名字叫Phyllis Sues，今年已经是一个九十三岁的老奶奶了。单就品牌而言，她算不上国际一流的设计师，但她却有一段传奇的人生。说她传奇，并不是因为她出生于名门之后，或是有惊世之颜、倾城之姿，相反的，她倒像是一朵风雨中的野玫瑰一般。

她十四岁开始学习芭蕾，二十多岁的时候，成为一名百老汇的专业舞者，但这段舞者生涯并不是我要讲述的。真正令人惊叹的，是她步入老年之后的人生。在大多数人都选择退休养老的年纪里，她却选择了不一样的活法：

五十多岁的时候，她创立了自己的时装品牌；

七十岁学习作词作曲，并且学了意大利语和法语；

八十岁开始跳探戈和秋千体操，从腾飞带来的灵感当中，创作出了人生中第一首歌曲；

八十五岁开始人生的第一堂瑜伽课；

九十岁的时候完成了一次高空跳伞。

而就在去年，她九十二岁生日的时候，和她的舞伴老师一起，给来参加生日聚会的朋友们表演了一场精彩纷呈的探戈。而这段舞蹈的视频，通过互联网传遍了全球。当我在记录的视频当中，看到这位耄耋之年的老奶奶美丽而又优雅地出场，随着音乐步伐稳健地做出一个漂亮的四周旋转时，不由自主地为她喝彩鼓掌。

因为这样的一段传奇人生，我爱上了这位奶奶级的设计师。这是一位热爱生命的设计师，在她的设计里，充满了对生命的热情和追求，充满了超越年龄的潇洒。

所谓限量版时尚的重点是什么，是设计、颜色，还是材质？我认为都不是。它其实是一种有关生活的态度。无论是品牌也好，人也罢，最重要的都是灵魂。没有灵魂的设计不过是在堆砌衣料，而没有态度的人生不过是随波逐流。而Phyllis有这个态度。

我将她定义为一个限量版的设计师，不仅仅因为她能设计出限量版的时装，更因为她拥有了一段限量版的人生。

[4]

买一个包很容易，但是要保持它常年如新，却考验着主人的工夫。

消磨掉一天的光阴很简单，但是要用和别人相同的时间，创造出专属于你的价值，却不容易。

就像每一个限量版的产品都是工匠人心血的结晶一样，你的人生，也是你通过每一分、每一秒的累积，打造出来的独家限量。

除掉睡眠，人的一辈子不过只有一万多天。所谓限量版的人生，就是充实、多彩地度过生命里的一万多个日子，而不是简单地将同样的一天，重复了一万多次。

未必奢华，但是独特，不需第一，却是唯一，珍惜你生命里的每一个细节，这是专属于你的限量版人生。

你所吃的亏是为日后攒的福

[1]

几年前，我在一家电器公司上班，和许多刚入职场的人一样，对工作充满热情，出差、加班从不抱怨。

有一次，总公司的陆经理来探亲，恰好有个外商也要来。主管问我和同事小何：“你们俩看看，谁陪陆总，谁接待外商？”我还没来得及表态，小何就抢先说：“我英语不好，还是我来陪陆总吧。”主管暧昧地笑了笑。后来我才知道，小何毕业于外国语学院。

谁都清楚，和总公司的经理混个脸熟，多多少少都是有好处的。可我是个新人，没什么能争的。于是，我去机场接了外商，又用蹩脚的英语陪老外东走西逛了两天。窝火的是，那个老外还比较挑剔。尽管满腹牢骚，可事情就这样过去了。

大约三个月以后，那个外商又来了，指名道姓要我陪，还帮我拉了一个大单，陆陆续续又给我介绍了很多客户。正是凭借这些业绩，年底考核时，我顺利升为组长，而小何却辞了职，据说对我“独吞老外”这事，颇有微词。

幼年时，父亲教我，吃亏是福；入学后，师长也教我，吃苦是乐。当时年少，并不是很能通透理解。直到自己走进社会，才真正理解，福缘皆有因，你付出什么，世界就回馈给你什么。

[2]

常听人说，这一路走来，幸有贵人相助，感恩戴德。我们也都希望自己的生命中能出现贵人，来帮助自己渡劫平难。那贵人从哪里来？

大多都看似偶然出现，在你走投无路、遭遇困境时从天而降，给你支持或指明方向。但其实这是必然的，这一切都和你日常的行为积累有关。你要相信，没有谁会平白无故就帮你，一定是从你身上看到了可取之处。

报纸上看到，一个富翁无儿无女，准备在员工里挑选一个接班人。他观察许久，也没有合适人选。后来发现一个年轻人总是提前下车，特意到一个残疾人开的包子铺买上几个包子，然后再走上两站地去公司上班。富翁经过长时间考察，三年后，买包子的年轻人成了公司副总。你能说，这是运气吗？

在我们身边有太多“精明”的人：挤公交车一直坐后面，因为前排要让座；朋友聚会，买单的时候恰巧去洗手间；甚至连打电话，都是晃一下对方，然后等对方回过来，你是长途，难道对方是市话吗？

有的人以为别人都傻，实际上真正有涵养的人，不会跟你较一日之短长。但在关键时刻，他们可能会给你投上反对票。这也许就是你遇不到贵人的原因。试想，谁愿意把机会给一个心胸狭隘、锱铢必较的人呢？

[3]

人生是一场漫长的修行，你的任何行为都可能在你未来的人生中产生效应。都说大智若愚，有些人看上去“傻傻”的，苦的、累的抢着去干，但傻人总是有些傻福，所以“精明”的人通常都不会理解，便把对方的成就总结为运气好。

我有两个在大城市打拼的好朋友，商量着一起回老家做同一个项目。其中一个想：“既然这样，不妨让他先干着试试，好了我再动手，不好我就绕开。”结果，等对方做起来以后，他再想参与已经晚了。

我不知道什么叫作智者，但我知道，一个真正聪明的人，不会总在别人身上谋算得失，他们无一不是先做好自己。

塞翁失马，是我很喜欢的典故。我深信，一个人失去的东西、吃过的亏，都会在其他方面得到更多补偿。而那些只想在一顿饭、一张车票上占些蝇头小利的人，也将在其他方面吃大亏。

一个人的快乐，不在于拥有得多，而是计较得少。你有便宜可占，就要有人吃亏。心胸宽阔一点，名利淡泊一些，少一分物欲，就多一分静心，少一分算计，就多一分功德。

祝你活得开心快乐，不再患得患失。

别轻易让步你做人的底线

[有一颗守规的心]

一个曾在德国留学的学生讲过这样一件事，她说："1993年的除夕之夜，我在德国的明斯特参加留学生的春节晚会。晚会结束后，整个城市已经睡熟了，在这种时候，谁不想早点儿到家呢？我和先生走得飞快，只差跑起来了。

"但没想到的是，刚走到路口，红绿灯就变了。迎向我们的行人灯变成了'止步'：灯里那个小小的人影从绿色的、甩手迈步的形象变成了红色的、双臂悬垂的立正形象。

"如果在另外的时候，我们肯定停下来等绿灯。可这会儿是深夜了，马路上没有一辆车，即使有车驶来，500米外就能看见。我们没有犹豫，走向马路……

"'站住！'身后，飘过来一个苍老的声音，打破了沉寂的黑暗。我的心悚然一惊，原来是一对老年夫妻。我们转过身，歉然地望着那对老人。老先生说：'现在是红灯，不能走，要等绿灯亮了才能走。'

"我的脸忽地烧了起来。我喃喃地道：'对不起，我们看现在没车……'

"老先生说：'交通规则就是原则，不是看有没有车。在任何情况下，都必须遵守原则。'

“从那一刻起，我再没有闯过红灯。我也一直记着老先生的话：‘在任何情况下，都必须遵守原则。’”

俗话说：没有规矩，不成方圆。社会是以原则为纲的，做人有做人的原则，做事有做事的原则，不遵守原则，不按规矩办事，必然导致整个社会系统功能紊乱，社会也就不成其为社会了。

人与人之间的交往也是有其特定的原则的。虽然大多数人都清楚这些规矩和惯例，但并不是所有的人在所有的时候都能够很好地遵守的。他们就像那位留学生一样，常在自认为是无关紧要的时候忽略这些原则的重要性，不仅给别人添堵，也给自己制造麻烦。

[做自己的导演]

《王阳明全书》里记载了这样一个故事：有一个名叫杨茂的人，他是个聋哑人，阳明先生不懂得手语，只好跟他用笔谈，阳明先生首先问：“你的耳朵能听到是非吗？”

答：“不能，因为我是个聋子。”

问：“你的嘴巴能够讲是非吗？”

答：“不能，因为我是个哑巴。”

又问：“那你的心知道是非吗？”

但见杨茂高兴得不得了，指天画地回答：“能能能！”

于是阳明先生就对他说：“你的耳朵不能听是非，省了多少闲是非；口不能说是非，又省了多少闲是非；你心知道是非就够了。”

倒是有许多人，耳能听是非，口能说是非，眼能见是非，心还未必知道是非呢！

我们有很多的是非，都是听来的，人家第一句话，就叫你暴跳如雷，第二句话就叫你泪流成河，那人家岂不成了导演，而我们也就当了演员。还有很多的是非，都是说出来的，所谓“病从口入，祸从口出”。两片薄薄的嘴唇，竟把人间搞得乌烟瘴气、鸡犬不宁。可见很多的是非都是听来的，都是说出来的。

你痛苦就是因为你太执着，看不开，也放不下，自然把自己给绑死了，而不得解脱，若能看开了，放下了就不至于如此。

如何创造幸福人生呢？所以用创造而不用追求，因为创造主权在我，要，就可以得到；而追求，往外追，往外求，万一追不到，求不得，烦恼还是要来的。

快乐是要自己快乐，让别人来分享你的快乐，每天早上垃圾车来把垃圾全部带走，有形垃圾容易处理，无形的垃圾最难处理。什么是真正的垃圾呢？怨、恨、恼、怒、烦，这才是真正的垃圾，假若今天你把这些垃圾，请垃圾车全部带走，你今天就没有垃圾了。也就是说，只要你每天清扫心灵的垃圾，你就能导演自己的幸福和快乐。

[守住做人底线]

做人，需要讲究原则。原则是为人处世的一个最底线，没有这条线，就好像长跑运动员起跑的时候没有起跑线，该结束时又不知在什么地方结束一样，前进没有了目标，后退也乱了分寸。人的轻举妄为、胡作非为、无效劳动、搬起石头砸自己的脚，以至于自讨苦吃的种种行为，无不是在丧失原则，乱了分寸，没有守住自己人生的最底线而发生的结果。做人，应该守住自己人生的底线。

在这个世界上，我们不可做的东西实在太多，如不投机取巧、不感情用事、不忽冷忽热、不滥发脾气、不标榜自己，等等。有些是我们现在不可做，但不是说以后不可做，但是，有些却是我们无论现在还是将来都不能去做的，如果你非要去做不可，别人就会冷漠你、疏远你，把你抛进人际关系的孤寂冰缝中，谁也不理你，试问你还能做得成“人”吗？

也许，我们无法为你设计规定出谁谁应该去做什么、怎么做的蓝图，因为每个人的条件、处境、志趣、价值选择有很大不同。我们也不可能建议人人都成为炸碉堡的烈士，就像不能建议人人都去成为比尔·盖茨一样；我们无法建议人人都去搞发明创造，就像无法建议人人都去当一辈子老黄牛一样。但是我们至少可以建议他们不要去做什么，不要去做蠢事、坏事，不要去做愚而诈的事，不要去做逞一己之私愤而置后果于不顾的不负责任的事，等等。

以下是一些做人需守住底线的最起码的要求，只是一点建议，或许对你判断什么能做有所帮助、启迪。

第一，不要反科学、反常识、违反客观规律地一厢情愿地做，即蛮干地做。如企图用群众运动来破百米短跑的世界纪录。

第二，不要为了自身的需要而乱做。前不久，我看到过一篇微型小说，讲的是一个老人病了，他的几个孩子为了表达孝心，纷纷找一些江湖术士给老爷子治病，结果把老爷子吓跑了，说的就是这个意思。

第三，不要过度地做。一件事也许你只需要找几个人帮忙，就可以办成。但如果你找了十几个、上百个呢？你能保证这些人都处在同一条战线上的？这只能引起大反感、大麻烦，能办成的事最后反而办不成了。

第四，不要斤斤计较、得不偿失地做。为了一点蝇头小利而大动干戈，徒然贻笑大方，至于造成的后遗症则更是不堪设想。

第五，不要做那些丢人现眼的事，如钻营、吹嘘、卖弄、装疯卖傻……

第六，不要张张扬扬、咋咋呼呼地做……

人生苦短，百年一瞬，大家不可能都有一样的成就，却可以把生命和精力，把有限的时间不要放在最不应该有的行为上。没有这些本应该没有的行为，没有这些劣迹和笑柄，没有这些罪过和低级下作，那么，无论你的成就大小，你还是可以非常心安理得地享受人生。

别失了你的诚信

曾认识一个美丽的外教老师，临走前，我对她说：“改天再约。”

笑了：“改天是哪天？你们中国人说的改天，往往就没有下文了。我们说的改天，真的会说好哪一天再约。”

不知道为什么，在人生的很多时刻，都会想起她的这句话。

在这个每天要处理越来越多信息的时代，每天一睁眼，手机上就跳出几百条微信。

貌似我们的朋友交际，比父母那辈人要丰富得多了，可是真正信守承诺的人，还有多少？真正不习惯性敷衍的人，还有多少？

很多人留言问我，我这么内向，我这么不善言辞，怎么才能交到朋友？我其实是很内向的人，对于表达自我有先天障碍，不擅于自我营销，更不擅于让人一眼就喜欢上你。我交朋友，真的就是用很笨的方法。

什么是很笨的方法？就是言必行，行必果。

多年前，我有一个女同事，夏天，她几乎每天都穿旗袍。很多同事都好奇，“这么好看的衣服，你在哪儿买的。”

她说认识一个上海老裁缝，每个月都要去那里订做。于是，很多人都约她一起去定做。

到了那一天，只有我一个人去了。她带着我选布料，量身定做了两身旗袍。

这个决定其实是很难的，花掉了我三分之一的工资。而且在这之前，我几乎只穿牛仔裤，完全不能确定自己是不是合适穿旗袍。而那两件旗袍，让我从此完全改观自己的审美，我觉得自己真的赚到了。

这么多年过去了，这两件旗袍已不合身，但每次看到它们，一股爱自己的能量就会在心里涌动。

很多人常常心头一热答应对方，但一到真正去做的时候，她们就怂了，找各种理由，让自己去放弃，让自己失信他人。

看起来这种失信的成本极低，并没有对自己造成太大的损害。但其实，这种习惯性失信对人生造成的损失，真的是不可估量。

人有时候，就是通过遵守承诺，来逼自己去突破自己，去打破自己的舒适区。

我第一次去登雪山，是源于几个朋友约好了一起，于是拼命鼓动我。借着那点欢乐的气氛，毫不犹豫就答应了。回去后，越想越忐忑。

这种纠结、恐慌的心情，一直延续到了出发前，只是实在不好意思跟大家说不去。机票也订了，酒店也订了，热心的朋友甚至连装备都帮我准备好了。咬咬牙，就去了。

后来，没有足够体力和技术的我，当然没有登顶，可是那段经历，我会永远记得。

人生只要有一次突破和逾越，你就会借助那一次的勇气，在下一次胆怯的时候说服自己：难道这件事比在缺氧条件下登山还难吗？这你都去做了，这个你还怕什么。

我相信，上天确实对某些人是心存偏爱的，守信的人比起失信的人，更能受到偏爱。

有一次下雪，朋友们早约好了这一天喝茶。想到这么冷，约的地方也很远，纠结是不是不去算了。咬咬牙，人要守诺，于是就去了。

结果，在那天认识了一个朋友。因为这个朋友，和另一个朋友结缘，这个人就是我现在的亲生闺蜜，仓央贝玛老师。

很多人羡慕我和闺蜜之间的情谊。

我想说，这都是我们彼此，一次次拿守信换来的情比金坚。答应的就要去做，承诺的就去遵守，实在做不到的，也坦然告知，而不是躲躲藏藏，假装不存在失信，甚至为了逃避干脆消失。

在这样一个太多人和事都易逝的年代，太多人都习惯了敷衍。为什么要坚持做这样一个看起来很傻的人，因为你是这样认真的人，反而就真的会试炼出那些一认真就怂的人。

因为你是这样傻傻认真的人，所以，你就成了那个不可被替代的人，你才是那个可以被托付更多用心和诚意的人。

是的，这样活着不轻松，很累。可是，人不就是这样把自己逼出来的吗？如果一个人时时都和自己认怂、和自己妥协，对方也会知道：他在你这里，失信的成本很低。

就是这样，开始辛苦，慢慢却会活得越来越轻松，因为身边都是很靠谱的人。

我答应你的事，我会努力做到。你答应我的事，也请你努力做到。

如果这是人和人之间的潜规则。我相信没有什么关系，会比这种关系更健康、更长久。

因此，我才得以相信，我和我的朋友，我和我的先生之间，是一诺千金的。

这才是为什么，一个人，能够拥有活在这个世上的安全感。

修好你的人格魅力，从让人舒服开始

你想让人喜欢，美貌不是关键，财富也不是理由，就是那一种让人如沐春风的舒服感，却有着莫大的吸引力，让人无法抗拒。

[1]

慧君开女装店才一年，就成功地实现了无积压无存货，并且从一开始仅有10平方米的空间搬到了50平方米。

门面不大，装修得别致而有想法。展示区、工作区、理货区、更衣区、会谈区，小小天地，功能齐全，秩序井然。格局清晰，让人感到暖心舒适。

店如其人，开店一年，她的脸庞既没有呈现因为在生意场上厮杀过猛而浸泡出来的世故，也没有日夜操劳积累下来的疲惫。反而更加满面春光，神采奕奕，让人感到仿佛薄荷停留在口腔般的清凉舒服。

离开原本的工作前，她已经是华东地区销售主管，有助理、有专车，还有公司股份。

可是有一天，当被永不停歇的销售目标压迫得身心俱疲时，她只想停下匆忙慌乱的脚步，用一间温暖的小店来思索生命的初衷和别的可能性。

于是她递了辞呈，收拾了物品，留下了股份。很多人都觉得她有几分傻气。干吗便宜老板，不偷不抢拿走属于你的东西，人之常情啊。

惠君却只管物色店面，一本正经地和工匠们讨论墙面用什么工艺，店头调什么颜色，昏天黑地地选款、进货。

关系好的同事问起来，她说：

“老板觉得我过去的努力都值得，以后自然会想起来，给不给，给多少，怎么给，一个有能力掌管这么大家企业的人会想得比我们更周全明白。不必急吼吼地跑去要。如果老板一直没有想起来呢，就算是我为公司接的最后一笔单子好了。就这个数，也只是一个不值得一提的单子。”

[2]

惠君绝口不提股份的事，心思完全投入到事无巨细的小店日常里。

惠君每天空下来翻当季的时尚杂志，做笔记，学习色彩搭配方面的知识，忙里偷闲地安排自己一周上一次画画课，了解光与影；上一次心理课，了解人的气质类型。

这样是为了能独立地给顾客专业的建议，真心实意地懂得她们适合什么，不适合什么，而不是人云亦云、口是心非、过于功利，急着让对方买单，这些都会让人很不舒服。

我问过很多惠君的顾客，她们为什么愿意把机会都留给惠君。大家都说，因为惠君让人感到舒服。每次随意到店里来，可以一件一件试，不必担心看店家脸色；可以什么也不试，喝一杯咖啡就离开；也可以和女主人聊下细碎的人生，惠君聪明地只给耳朵不给建议。

八月末，惠君的生意好到进货都来不及，想着换一间大一点的店面，重新装修。正当手头缺少一部分流动资金时，惠君接到昔日老板的电话，问她一年前留在公司的股份是要折现还是要保留！

真的是运气特别眷顾这个叫慧君的女人吗？当然不是。

其实真正让慧君顺风顺水的原因在于，多年客服经验使她懂得一个道理，那就是：

让别人舒服就是给自己铺路。

[3]

我想起关于日本旅行社的一个故事。

有一年日本在全国范围内推选最杰出导游。最后胜出的是一位长相普通、没有背景、从业时间也很短的女孩子。平凡如她到底靠什么赢得大家的票选呢？

客人们纷纷反映说，这位导游小姐每次清点人数的时候，都会把右手摊开，做出请的姿势，然后一位一位数。而不是像大部分导游那样，伸出一个手指，对别人指指点点地数。

即便像清点人数这样看起来无关紧要的事情，都时时刻刻考虑到被点的人的心情，更何况是旅途中发生的其他事情呢？客人们被这个手势感动。这份感动也成就了一位年轻的导游。

与其说是一个手势让那位导游赢得票选，不如说是导游在提供服务时不经意间展现出来的专业和得体带给大家身体上的放松感、心灵上的舒适感，才真正赢得了客人的心。

人们总是能对自己曾经拥有过的美好感觉保留很深的记忆。

秉持着人际关系的互惠原则而愿意竭尽所能地回报这一份获取。所以也不难理解为什么仅靠一个手势就可以拿全国冠军。

这也表明：

不管在朋友间，还是在陌生人之间，你压我一寸，我让你一分的是偶然；你敬我一尺，我还你一丈的才是常态。

[4]

我刚工作时曾遇到过一位上司。他看上去不苟言笑，专业的部分并不是最强，可是他非常有威望，落实任务很高效，所以每次都毫无悬念地留任。

我一直不得其解。直到有一次碰巧轮到我去向上司汇报工作。那是我从学校出来后，第一次直面上司，紧张地手脚不知道怎么摆放。也不知道等下的汇报在不在重点上。整个人惴惴不安地敲开上司办公室的门。

只见上司正端坐在电脑上噼噼啪啪地打着什么。他示意我进去落座，了解了我的来意。我刚要汇报，只听他温和地说："请等下。"然后把资料保存好，把电脑关掉了，打算认真听我的汇报。

当我再一次要开始汇报时，他又抱歉地说："请再等下。"这次只见他掏出手机，调成了静音。

我终于知道在单位为什么有这么多人拥护上司了。因为他带给别人的感觉太好了。他时时刻刻告诉对方，你的意见对我很重要。谁会不喜欢一个如此重视自己的人呢?

上司为我做了一个良好的示范，他让我懂得，在职场中，你让别人感觉舒服，别人大抵就会回报给你真诚和善意，也让你前方的路更开阔平坦。

就像哈佛大学积极心理学的讲师泰勒·本·沙哈尔说的：

"能让别人感觉好，为什么不让别人感觉好呢？毕竟你对别人的态度里蕴藏了别人对待你的方式。"

[5]

著名哲学家菲利普·佩迪特说，人同此心，心同此理。

人与人之间的相处之道说难也难，说简单也简单，它并没有固定的公式可依循。但是无论情境怎么变幻，对象怎么更改，我们只要记得设身处地，将心比心，从关心对方，愿意了解对方，体谅对方的心情出发，说话、做事懂得为别人留下空间和余地，就足够了。

《菜根谭》有句话叫：

天地之气，暖则生，寒则杀。故性气清冷者，受享凉薄；唯和气热心之人，其福亦厚，其禄也长。

人情正如大自然的四季变换。

我们的身边常有一些言行不太顾及别人，只管自己痛快的人，遇到事情不顺遂时，他们便抱怨人情冷漠、时运不济，殊不知正是自己的脸上写着"别理我"，语气里透露着"不要烦"，举手投足间释放着"快走开"的讯息才把生命中的贵人都一一推开了。

正如台湾曲家瑞老师在新书里说的：每个人生命中的贵人可能以各种形态出现。

所以我们需要做的就是无论在哪里，无论面对谁都要用一流的态度，做一流的努力。

因为首先让自己成为高贵大气的人才更有可能吸引提携你、帮助你的贵人。

并不是谁的运气特别好，只不过是他们在一般人不大留意的角落，关怀了别人，体谅了别人，让别人感到舒服后得到了一份必然的反馈而已。

太多时候挡住我们去路的不是别人，正是自己。

别让你的成功败在了人品上

有一个人，请了风水先生去看风水，在去往他家墓地的途中，远远看到墓地的方向，鸟雀纷飞，惊慌失措。

于是他告诉风水先生："咱们回去吧，这时候鸟雀纷飞，肯定有小孩在树上摘杏呢，我们去了，惊扰了他们事小，失手跌落下来事就大了。"

因而风水先生告诉他说："你家这风水不用看了，就你们这样的人家，干什么都会顺顺当当。"这个人很奇怪，就问他为什么。

风水先生告诉他："你不知道吗？人间最好的风水是人品！"

最好的风水是人品，无独有偶，朋友的女儿山师毕业，除了学韩语专业，又特别选修了国际贸易。

最后一轮面试的时候，同行的有三个，一个是浙大的，已经在韩国留学了半年，一个是山大的，也是韩语专业，只有她是山师的。面试的过程中，她不停地帮助那两个人，或出主意，或回答问题。

最后轮到她面试，主考官就问她："你难道不知道那两个人，都是你的对手吗？他们中间有一个被录取，你就被淘汰了！"

朋友的女儿笑笑说："我知道，可是我觉得这个位置，更适合他们。""为什么？""因为他们一个比我有经验，一个比我有能力。你们需要的，就是他们这样的人才。"

然而主考官当场就告诉她："我们需要他们这样的人才，却更需要你这样的人品！你被录取了！”工作了一段时间之后，因为她口语好，又学过国际贸易，又很快被调到人事部。

朋友的女儿不仅相貌平平，而且个子矮小，因而当时就有人问她：“以你这样的学历、这样的品貌，这么快就升到人事部，得多硬的关系呀？”她笑而不语。

只是，再硬的关系，也硬不过好的人品啊！所有的成功，都是做人的成功！

刘邦和项羽争雄天下，一个是百战百胜、所向披靡的西楚霸王；一个是屡败屡战、打不过就跑的汉中王。为什么项羽一世英雄，最后兵败垓下？为什么刘邦一介布衣，却崛起于乱世，最终成为汉代的开国皇帝？

三国乱世，刘备最初既无兵将，又无立锥之地，他又凭什么三分天下有其一呢？

看看历史上对刘备的评介吧：刘备，以其坚忍不拔、遵法守礼、知人善用的个人品质，和对兄弟义、对臣下礼、对百姓仁的一生作为，在三国之后的一千多年间，一直被儒家士子看作是理想君主的典范。

有一句俗语说得好：“刘备的江山哭来的！”然后再翻翻三国演义，你就会明白，刘备除了知人善用，最重要的一点就是讲仁义！三分天下有其一，他凭的就是他的人品！

而项羽虽然为人豪爽，来去磊落，是很多人心中的大英雄。但项羽目光短浅，用人唯亲，遇到大事优柔寡断，最终致使他“鸿门宴”放走了刘邦，才因而痛失天下。

如果他有了自己的血气方刚、英勇善战，又兼备刘邦的老谋深算、知人善用，那么中国的历史，恐怕真的要改写了。

而他的对手刘邦，不仅虚己听人、知人善用，而且赏不移时、深谋远虑。与其说项羽败给了刘邦的老谋深算，不如说项羽败给了自己的人品！

所以，无论干什么，也无论在什么地方，你都要本着做人的良心，厚德明礼、积极上进。这样你就是不能做出一番大事业，你也能做到不愧天地、不愧心！

精彩人生需要用心欣赏

挑剔，是指对别的人和事永远不满意。喜欢挑剔的人都觉得自己很完美，又拿着放大镜看别人，满眼望去全是缺点和瑕疵。欣赏，是指会享受美好的事物并领略其中的趣味。会欣赏别人的人，清澈的眼神透着心灵的上善若水，你在桥上看风景，看风景的人在看你。

在L小姐的眼里，世上几乎是没多少好人的，她必须处处提防以免被骗，时时警惕不然全是危险。当然，恋爱还是要谈的，最近她都在忙于各种相亲，也算是一种积极的情感态度。可没过多久L小姐就又心灰灰起来，用她的话说："渣男全在拼尽全力做暖男，优质男人已经绝迹。"总之别人身上全是毛病，自己只能孤芳自赏。我问："难道就不能试着欣赏下别人？"L小姐眼睛瞪得大大的："第一眼就看不下去，怎么能欣赏下去。"我回答："没有多少第一眼的帅哥佳人，你不肯静下心去细品，第二眼的好感就被错过了。"

如今"挑剔"这个词已经蒙上了"不将就"的面纱，L小姐觉得自己的不将就也是一种身价，其实就是挑剔多了个理由罢了。在自己了解自己的时候，不将就是我们主动地选择，哪怕一辈子单身也可以生活得很好。在自己都不知道自己想要什么的时候，不将就只是被动地等待，不能盲目看成是一种执着，你会被这样的"不将就"耽误了长大。挑剔的人一般都觉得自己很完美，又拿着放大镜看别人，满眼望去全是缺点和瑕疵，还特别喜欢拿"认真"说事，其实就是在较真。可人生如戏，你认真了，别人可能就没当真，别人当真的时候，又因为你的一贯较真可能就先失去了机会。换句话说，越挑剔就越失意，越失意就越是看不到不将就的真实意义。

而那些会欣赏别人的男女，往往因为眼睛里都是美好会显得清澈明媚，灵魂上负载纯真，人也会显得宽和温暖。我最喜欢的一家咖啡馆在购物中心宽阔的走廊中央，对面上上下下的电梯里不时流过人群，周围也是穿行专柜购物的各色男女。原本一个完全敞开的空间会让人觉得不安全，可当周边的人都为你敞开的时候，你又会觉得我们不过都是别人的路人甲，不需要在意，不需要矫情，更不需要防范。只是那样静静坐着或是走过，我们或许都看了看对方，亦会被一些或是精致，或是优雅，或是缠绵的男女惊艳到，然后暗自微笑，又一笑而过。我相信，他们是我面前的美妙瞬间，而我也是他们眼中的风景一瞥。

生活很大，人性莫测，面对世间人和事我们都会有不同的反应、不同的表现形式，但初衷却或许是一样的，如果没有深层次的沟通，我们都有可能产生误会。这时候，有的人可以宽容，而有的人却只会苛求，于是我们内心的感受也就完全不同了。也许真是怪不得别人，别人当然不屑你的不满意，可不会欣赏别人的人从来不会怪自己。当我们在挑剔外人的时候碰了一鼻子灰，就又有可能把最挑剔的目光给了身边最爱自己的人，然后是望夫不成龙、望妻不成凤、望子不成材。我们固执地把自己的不如意都强加给身边人，在一次次的失望过后，又想着换，换，换。

在一些没有节制的挑剔过后，就会心生厌倦，对身边人和眼前事的厌倦。就一定是别人的不好吗？不见得。别人也许换了一个人后就又会过得很好，而你再换也过不好。不会欣赏的人都是自私的，他们在乎的只是自己，一次不明白，二次无所谓，三次还在喋喋不休着别人的错时，你的人生又经得起多少次的失去和错过呢？挑剔别人实际上是另一种形式的糟蹋，因为没有尊重，也缺少自省，这样的糟蹋就更显得荒唐。喜欢挑剔的人也是悲哀的，即便你活过了百年，那皱纹里除了沧桑只怕什么也没有，你想不起谁的好，谁也都早已把你忘记。

这世间没有完美的人，或许在一些有品质的人的努力下，我们能够成全完美的事，但这一切始终离不开爱与温柔。当男和女在你心里都成了相同的符号，那你所谓的幸福又是什么？当情和爱在你眼里都成了肤浅的东西，那你所谓的深刻又是什么？当自己都过不好最现实的生活，那你所谓的博大又从何谈起？就算你把自己变成了一座“思想者”也是找不到答案的，你的苦乐悲欢、爱恨情长，如果都要用一种挑剔而激烈的方式去表达的时候，那不是完美，而是幼稚，也不是高尚，而是浅薄。

男人都喜欢说自己是坛好酒，又有几人能把自己酿到淡而又淡的名贵？女人都称自己是红颜，可世俗的烟火早已经把人间烧成了另外一番模样，又有几位红颜可以生活在云端？人生如戏，戏如人生，如果你纯把人生当戏演，或纯把人生当戏看，那一个太累，一个则太淡。我们常常需要跳出圈子看自己，一样的眼睛不一样的心态才能发现新世界。戏演久了免不了会忘记自己，不伦不类，不深不精，里里外外就都不成了人。虽说平平淡淡才是真，可我们的人生里如果从来没有过热烈与起落，又怎么能懂得珍惜那平淡里的真？平淡，究竟不是回忆里的一片空白，而是历经悲悲喜喜以后，今天脸上的一抹平静淡然。

其实生活中我们都渴望被人欣赏，却往往先忽略了欣赏别人。更多时候，我们善于发现别人的缺点，乐于放大自己的优点，甚至喜欢在别人的不幸中寻找到自己的幸福。但欣赏却是相互的，要想被人欣赏，就得先去欣赏别人，只有学会了欣赏别人，你也就是成了别人眼中的风景。欣赏别人的谈吐，会提高我们的素养；欣赏别人的大度，会开阔我们的心胸；欣赏别人的善举，会净化我们的心灵。欣赏也是一种互补、促进、和谐，善于发现这些也会让我们自己受益匪浅。

人生需要我们去欣赏，用真诚的心灵去倾听，才会发现那些养在深闺人未识的安然静美，而不是用好奇的眼睛去打量，八卦总不是凡人的生活，好奇害死猫。欣赏别人是一种尊重，被人欣赏是一种认可，无人欣赏则是一种不幸。当你学会去欣赏别人的时候，你也就成了别人眼中的风景，是风景就会有四季，再没有比这更精彩的人生了，才值得好好相守。

专注人生从 专注工作开始

要想度过一个充实的人生，只有两种选择：

一种是从事自己喜欢的工作，另一种是让自己喜欢上工作。

——稻盛和夫

[1]

早年有一份“世界那么大，我想去看看”的辞职信，道出了无数人的心声。

我也不止一次听到朋友说：“我先做着这份工作，等过几年，我积累了一定的资源，我就潇洒潇洒，去做点自己喜欢的事。”

人们这样说的时候，颇像一个男人满脸嫌弃地提到自己的糟糠之妻的语气。当下的工作，往往被当作用来走向未来的垫脚石，想起来的时候总有那么多不情不愿、勉为其难。

我们的内心，对它是多么不忠啊。

在这个鼓吹天才的时代，我们不愿意承认自己不够聪明，却愿意以一副不踏实、不勤奋、不忠诚的态度来为自己的失败开脱。

好像只要换一个地方、换一份工作、换一种生活，我们就会过得比现在好很多。

我们极力地让人相信："工作不出色，不是我的错，而是我眼前的工作压根配不上我。"

这种态度从何而来呢？

大约是起源于小学老师说"你孩子不笨，就是不用功读书"，然后做家长的听了心里很舒服吧。

一个"不笨"的孩子，带着他沾沾自喜的小聪明，一路轻浮到底，最终一事无成。

这是很多人的人生写照。

[2]

在美国，有一个女孩19岁就被《魅力》杂志评选为"全美十大最佳着装大学生"，她叫玛莎·斯图尔特（Martha Stewart）。

出身于贫民窟的玛莎10岁就做保姆补贴家用，直到15岁因相貌出众成为时装模特，19岁出现在香奈儿的舞台上。

玛莎因其优雅精致，一度成为美国高端生活方式的代名词，受到无数人的追捧。可谁也没有想到，因为股票经济纠纷，这位绝世美女竟然锒铛入狱，人生直转急下。

在女子监狱服刑的玛莎被分配打扫卫生，这听起来和她从前的工作有天壤之别，简直是直接从云彩上掉下来。

然而玛莎对这份工作毫不懈怠，她拿出做明星的劲头做了一名清洁工。在监狱里，无论原来怎样脏、乱、差的地方，只要经她清理都会变得一尘不染。

她清理的，不仅是地板，还有自己的心。

当她出狱的时候，人们看到，玛莎的腰杆依然笔直，笑容依然灿烂。这是一个忠于工作的人应有的坦然。

[3]

工作是一种修行。

这是日本韬盛和夫在他的著作《活法》中的主要观点。

“人哪里需要远离凡尘？工作场所就是修炼精神的最佳场所，工作本身就是一种修行。只要每天确实努力工作，培养崇高的人格，美好人生也将唾手可得。”

无独有偶，日本实业家铃木正三说：“工作坊就是道场。”基于对禅宗智慧的深刻体会，他希望人们能够吸取禅宗的智慧，把劳动看作是人性的自然流露和提升精神境界的需求，在工作中锻炼自己的能力，磨炼自己的心性，借助劳动来证悟自身的价值，并通过工作使自己的思想境界得到升华。

他们所说的，都是一种在日本备受推崇的“工匠精神”。

乍听“工匠”一词，有人觉得它专指一种机械重复的工作者。其实，工匠精神有着更深远的意思。他代表着一个人对工作执着、忠诚、精益求精的精神。

其实这种精神，我们不必去向日本学习。翻一翻文史书，我们会看到屠夫庖丁怎样游刃有余地杀牛，驼背老人怎样用那些竹竿告诉孔子粘捕知了的诀窍，也会看到卖油翁怎样地让油从钱眼里穿过而不溅出一滴。

原来，早在瑞士手表和日本马桶之前，中国是“工匠精神”的时候发源地。

曾经，对于工匠精神，我们也是津津乐道的。

所谓工匠精神，就是尊重你手中的工作，并把它做到极致。

[4]

把一件小事做到极致，平凡的你将变得不平凡。

有个河南的小伙子，高考落榜了，只好去做一个打工仔，好几年都一事无成。他对人生没有很宏伟的计划，也没有什么出色的技能，除了喜欢做点面食。

干脆他就去学习做面食，到专业学校拜师学艺。无论别人怎么说，他只管埋头把自己的工作做好。

一年下来，他已经将手中的面团玩得出神入化，可以双手双管齐下同时擀出十二张饺子皮，可以轻松做出一桌全面宴，更令人啧啧称奇的是，他可以把拉面拉到在一根针眼里穿过20根。

凭着这个独门绝技，他成为了迪拜的一名高级面点师傅，并由此接触到了世界各国的王室成员、政要以及体育和娱乐界的顶级人物。

他曾得到俄罗斯首富、石油大王罗曼·阿布拉莫维奇的亲身召见，也曾获得华裔丹麦王妃文雅丽的青睐，连顶级足球明星贝克汉姆甚至带了十多位朋友，也特意从英国赶到迪拜来品尝他做的小吃。

他还曾亲手教会泰国总理夫妇做饺子，教会美军驻海湾地区前总司令施瓦茨普夫做兰州拉面，为好莱坞闻名导演斯皮尔伯格表演拉面绝活。

有一回，他给美国国务卿赖斯表演拉面穿针，一个针眼穿入20根拉面，让赖斯看得目瞪口呆，给了他 1 万美元的天价小费！

他就是冯三峰。他用实际行动告诉我们，工作没有高低贵贱，只要你认真对待，它就是你修行的所在。

[5]

我们与其抱怨生活，不如试着全神贯注于一件事，然后在日复一日的劳作中锻炼自己的灵魂，进而培养具有深度的人格。

一只油腻腻的盘子在你的洗刷下变得光亮如新，一块脏兮兮的地板在你的擦拭下变得清爽干燥，一件小小的工艺品在你的打磨下发出柔和的光，这些，都是你的功德。

工作是一种修行。你对待工作的态度，会实实在在影响你的人格和气质。

长久地做下来，没有一份工作不是枯燥的。然而，有些人退了休还抱怨不止，一脸的疲惫不堪；而另一些则表现得精神十足，意犹未尽。这是因为他们在同样的工作中走向了不同的人生境界。

不要总打算用业余时间发展兴趣、休闲娱乐，不要把工作当成一件不得不去做的事情，把眼前的小事做好，是对自己，也是对生活的一种忠诚。

试着换个角度看问题

公交车真是一个沾染市井气的好地方。

有时候，能听到好多故事。

那天，有对母女推着婴儿车上来，坐在跟我一道之隔的座位上，虽然我在低头看书，但真的真的不得不听到她们讨论家事啊……

起初，她们在商量过一段时间婆婆要过来的事情。

女儿的语气有点为难，婆婆想来看看孩子，不能不让她来，但如果长住的话，家里房间不够，可能会不便。

妈妈说，跟她说明白了，看看孩子就早点回家，家里现在这么挤，时间长了肯定不行。

女儿面露难色，说等跟丈夫商量一下看怎么跟婆婆沟通，她作为儿媳妇说这话，保不齐婆婆想多了，会不开心。

“再说了，现在我们住的房子也是我公婆给买的……”女儿说。

妈妈冷笑了一声，“人家买的房子也没写你名字，是买给她儿子的。”

女儿似乎有点心虚，声音略小一点：“没写我的名字，但也是我在住。我们以前那套也能住，他们买这房子是为了孩子以后上学方便，也是减轻我们以后的负担……”

妈妈又从鼻子里“哼”了一声：“那是为了给她孙子，又不是为了你！你还给她养孙子呢！”

我抬头时，恰好从侧面看到了女儿的苦笑：“我养的是我自己的儿子，怎么能说是给别人养的孩子呢？”

隐约中，我又听到妈妈“哼”了一声，但没再说话。

后来，她们七手八脚地抬着婴儿车下车了，故事戛然而止。

尽管不知道后来的事情发展，但是我相信女孩会处理好婆媳乃至家庭关系的。

她看事情的角度让我相信这一点。

她有为难之处，也有非常细微的考虑，比如考虑到婆媳关系的敏感，最重要的是，她看事情、做判断不仅仅是站在自己的角度上，以一种“占有资源本能”的心态来看待自己生活中的那些事情，而是一种更高的、俯视的态度来分析这些事情。

人一旦站在高于自己的角度来思考问题的时候，心态就会豁达，遇事就更理性，就不会只在意眼前的一点利益。

譬如这个女孩，当她看待事情的角度不仅仅是“占有资源本能”时，她分析事情就会更公平、公正，公婆的付出她心中有数，也会用自己的方式回报，形成“互惠、利他”的良性循环，家庭氛围自然也就会更加融洽。

站在高处俯视的角度，会让一个人看到除了自己之外其他人的感情与利益关系，权衡利弊，理性分析，也就会有更温婉的处理、更融洽的关系、更健康的心态。

太多时候，当你不再时时刻刻想着占有，你会发现拥有了更多豁达的心态、更高浓度的爱情，以及家人的爱和尊重……

从前总是听人说“你所在高度决定你的角度”，而我更相信——看事情的角度，决定我们每个人的高度。

当然，她母亲的视角，更为普遍存在于我们的生活中。她代表了很多父母的心理底色——只能而且必须站在自己孩子的立场来考虑事情，为他争取更多的资源是自己的本能。

所以公婆拿钱买房子是应该的，他们是为了自己的儿孙，而没写女儿的名字就是不对的；

所以女儿住在这栋房子但没有直接拥有它，当妈的也不觉得好，甚至理直气壮地说“你给他们养孙子呢”……

当我们以一种平视的角度看问题的时候，很容易被现实的各种问题挡住视线而看不到前方，只看到了眼前的利益、困难、纠葛和烦恼。

就像是反光的镜子一样，被不好心态折射回来的光，最后只照射在了自己的身上，只关注于自身的得失，为自己找各种各样的理由、借口，而不顾及别人的感受。

父母们会不自觉地进入这种误区，爱会使人盲目，可这种爱的角度，却真的会制造更多痛苦和麻烦。

有个认识的女孩正在闹离婚，我很惊讶，他们夫妻感情一直很好，怎么了？

女孩从农村进城来，最初在超市打工，朋友介绍她认识了后来的丈夫。

硬件来说，男方更好一些——有学历，工作好，还是本地人，对她和家人也很好。结婚之后给岳母家很多帮助，帮小舅子找了工作，把在老家独居的岳母接到城市里……

朋友说，这位妈妈在女儿家里住得久了，强势的个性就展露出来了，指挥女儿做这做那也就罢了，家里的大事小情都要参与并说了算，什么都要给女儿讨个制高点才罢休。

女儿因为一点小事儿跟公婆闹了点不愉快，跟母亲吐槽了几句，她觉得女儿被欺负了，连夜打车去亲家家里大闹了一场，历数女婿及父母对自己女儿各种不好，把对方数落得体无完肤……

第二天，男方就提出了离婚：既然你女儿在我们家吃了这么多苦，这么委屈，不如干脆离婚吧。

以前我总是想，人看问题的角度怎么才能更高一点呢——不要局限于眼前的蝇头小利，不要局限于一己私利，不要只因为眼前的一点付出就抱怨连天，而是能够更为客观、更为长远地想到长久的未来？

现在我终于想明白了，是角度。

当看问题的角度调整好了之后，你内心的高度自然就可以搭建起来，你就会有一种更宽广的心态，能够更自如地拥抱世界、更好地去做一件事情。

二十多岁时，我也时常抱怨工作，抱怨环境，抱怨领导，抱怨好多事情。

因为我觉得好多因素对我形成了障碍，让我不能够好好地发展、发挥我的才能、实现我的价值。

比如我一篇访问写得不够好，会责怪采访时间不够多，却没责问过自己：难道不是你的准备工作做得不够深入吗？

比如我做一件事情中遇到困难，就会心灰意冷“放弃算了，反正只是工作而已”，却在许久之后才懂得，我应该告诉自己：咬咬牙坚持下去，今天的付出哪怕见不到成果，总有一天也会有收获！

彼时，只是把自己作为工作中的一枚棋子，机器中的一个螺丝钉，无足轻重的一环。

好像所有的付出，都是在为了别人，所有的困难都不应该是我来头疼的，而是应该由别人来解决、沟通、协调的。

你已经把自己看得这么轻、这么低，你抱怨也就顺理成章，做不好事情也就理所当然，而别人怎么可能会高看你一眼？

那些遇到小困难就抱怨领导、吐槽环境、负面情绪爆棚而不去解决问题的员工，永远只会是最普通、最平庸的员工。

他们甚至不能从“职场人”的角度来考虑问题，从未把自己当成一个个体，从未想过做好眼前的这一件小事儿，是为了以后可以做更多更好的事情。

时过境迁，再回去看那个初入职场焦虑而暴躁的自己，真想跟她说一句：如果你换个角度看问题，你的思路会更开阔，你看到的会更远、更好，你就不会再吝啬于现在的付出，抱怨现在的痛苦了。

因为你知道更好的未来在等你，而你现在的付出，你所有的体谅，所有的包容、所有的理解，将能够使你获得更融洽的家庭关系、更舒适自然的氛围、工作上的进步，以及个人的成长。

你会的。

因为你值得。

我们需要有一点个性

当我们凶狠地面对这个世界时，

它就变得温文尔雅。

面对那些真正践踏了你人格尊严，

真正触碰到了你做人底线的人和事，

你是选择在沉默中灭亡，

还是爆发？

少在乎点别人，多放得下自己

李小姐是我新认识的妞，土黑圆，长得跟芙蓉姐姐似的，自以为风情万种。哪个男人她都敢追，哪个大咖她都敢去搭讪，花痴得很，时常闹出笑话来。在朋友圈，她就是丑角儿，如同陈汉典在《康熙来了》的待遇，取笑和羞辱她，是大家固定的娱乐项目。

“哟，李小姐，听说你最近跟一顶级酒店的帅哥经理谈生意啊？没把人家给奸了吧？”

“李小姐，你今天是要相亲吗？这么隆重，带了两个下巴出门……”

据说，每次朋友聚会，她就是绝对的焦点，即使她不在，80%的话题也是谈论她，因为她实在太奇葩，永远能提供新鲜的谈资。比如她一会儿又闪婚了，一会儿又去大学演讲了，一会儿又跟某名流夫人成闺蜜了……

你永远不知道她下一秒能干出什么。

你更不知道，在大家拿她当笑话的时候，她到底是自动屏蔽了这些负面消息，还是把这些当作善意的嫉妒了。不管大家对她有多毒舌，她永远都能活在自己貌如天仙的童话世界中，口头禅常常是：“长得像我这样，穿什么都好看”“只有我甩男人，没有男人甩我”“客户非要砸钱给我，我也没办法啊”……

你以为她是吹牛吧，人家还真的很牛。她以前在报社当时政记者，后来辞职开了个咨询公司，去年才第三年，业务量就已经做到1300多万，27岁的小姑娘，也不是靠跟男人睡觉，凭什么啊？

她说，今年准备做到3000万，大家听了这数字虽然都笑得不行，但内心都知道，她多半能做到。

她让我想起一师姐。

师姐五官标致、身材粗壮。身高1米58，体重132斤，还特爱穿透明紧身小上衣加蕾丝超短裙，感觉胳膊和大腿随时都能把衣料给撑破，看得人毛骨悚然的。

她的自我评价是，“我的长相啊，集中了林青霞和张曼玉的优点，所以我从小就是校花，追我的人太多了，我都不敢打扮得太妩媚，怕更多男人爱上我”。

师姐啊，你没穿情趣内衣出门，我们全球女性感谢你啊。

那时候，我们都在背后笑她，真傻，该吃药了。

事实证明，傻的是我们。

师姐读研的时候，死皮赖脸非要跟导师去台湾参加一个学术会议，导师是特温柔敦厚的老先生，不好意思拒绝，就带她去了。然后，师姐搞定了一个台大的教授，教授给师姐发了邀请函，邀请她去台大访问一年。

师姐去了台湾，不知道通过什么途径，搭上了一个法国的教授，直接去法国一所大学访问了一年。

我们以为师姐要成功上位，成为法国教授的正牌夫人了。

人家跟一个瑞士小帅哥谈起了恋爱，在Q群里看到帅哥的照片，我们一帮女生嫉妒得吐血。

那完全是年轻版李奥纳多的规格，啊啊啊啊。

我们自我安慰，帅哥只是一时新鲜，很快会分手的。

然后，他们结婚了，帅哥是富二代，师姐生了对混血双胞胎。师姐最近准备把欧洲一个高端家居品牌引进中国，最近发的微博照片，还是那五大三粗的身材，包在香奈儿的套装里，旁边是一脸宠溺看着她的帅哥老公。哦，忘了说，老公还小她8岁。

凭什么啊？

李小姐和师姐，都是同一类姑娘，我身边，还有好几个她们的同类项，她们牛在哪儿？

第一，因为盲目自信，所以她们勇往直前，对任何事都不设限。

李小姐当财经记者的时候，再大咖的名流，其他资深记者都觉得搞不定的、自动放弃的，她都敢上去采访，最后永远都能搞定。这种底气来自哪里？来自于一种发自内心的自信，就像人类在婴儿期一样，觉得自己是世界的主宰。李小姐常常说，“不试试，怎么知道不行”？

师姐也一样，据说她刚上大一，那时候大家都觉得教授都是高高在上的存在，谁敢和教授聊天啊，她敢。下了课，其他同学飞奔去食堂打饭，她跑去以提问的名义，跟教授聊天，甚至约教授一起去逛街。那可是个马列主义老太太啊，大家都惊呆了。师姐却说：“为什么不可以？教授也是人啊，他们也渴望跟年轻人打成一片啊。”

第二，自尊是成功的绊脚石。

李小姐说，小时候，他们家住在街边一楼，每次她犯了错，她老爸就罚她跪在家门口，来来往往的行人都可以看到，所以，她早就不在乎什么自尊了。我们做一件事的时候，常常会想太多，设想了各种坏结果：对方不喜欢我怎么办？打扰了对方、麻烦了对方怎么办？对方拒绝我怎么办？李小姐对此很不屑：“被拒绝有什么关系？我又没什么损失。我找了10个人，有8个拒绝我，还有2个答应了，我赚到了啊。”

第三，因为目标明确，所以他们根本不在乎别人的看法，执行力超强，总能达到目的。

跟李小姐吃饭那一晚，表面上，她满嘴跑火车，说了各种各样稀奇古怪的话，但是如果你稍微整理，就会发现，其实她相当有逻辑。她所有的奇葩言论，都围绕三个主题，首先，她很牛，她的公司也很牛，搞定了很多大客户，说这个要干吗呢？

因为在场有一个外企副总，是她的潜在客户，她要说明自己的实力；其次，她半开玩笑地跟该副总介绍自己的业务，说自己能帮对方做到什么，劝对方和她签约，副总没当回事，她也不介意；最牛的是，她看似闲聊地套出副总的信息，得知副总和自己以前的报社上司是大学同学、同一宿舍，当场就打了电话给报社上司，约好了周末一起喝茶，有了这层关系，副总基本上被她吃得死死的……

李小姐永远不会在乎别人怎么笑她，她只在乎她想做的事能不能做到。这也是我师姐的强项，当年她就靠跟教授和辅导员搞好关系，获得了保送名额，她同学攻击她不要脸，她毫不在意，说：“对，我不要脸，所以我得到我想要的。你要脸，所以你一无所有，你活该。要么学我，要么继续装清高，骂我有个屁用。”

我想说的是，那些盲目自信、脸皮厚的人，才是真正内心强大的人，他们不在乎别人，也放得下自己。在这个世界，最后能得到自己想要的，就是当初被当作笑话的她们。

真正的锋芒，必然自带三分温柔

[他们每一个人，都可能对她进行报复]

初中时代，我深为我的性格而苦恼。

那时，我远没有现在这么厚脸皮，我很胆小，也很害羞。

其实，胆小和害羞通常都是孪生姐妹，她们之所以能够长久地存在，往往是由于主人太过敏感。

我记得在刚上初中的时候，音乐老师请每一个同学到讲台上唱歌。

一个又一个同学唱完了，音乐老师露出满意的笑容。

轮到我了，我开始脸红，紧张得满头大汗。

站在讲台上，我一直低着头，不敢抬头正大光明地看底下无数双眼睛。

我很艰难地开口，声音又细又小，几乎没人听见。

走下台去的时候，我明显看到音乐老师一脸不耐烦的表情，还有一些同学取笑的眼神和窃窃私语。

过后几天，我都沉浸在一遍遍回味这些表情的痛苦之中。

我对别人的表情有着超乎寻常的敏感。

其实，所谓的敏感，就是在意。我太在意别人说的话、脸上的表情，甚至言辞背后的含义。

那时，我很怕别人会以冷漠、愤怒或是失望的表情面对我。

为了避免冲突，当其他任何人找我帮忙的时候，我总是一一点头应下，从来不会拒绝。

哪怕明知自己没有时间，哪怕明知帮助他会使我自身利益受损，我也做不到去拒绝他们。

因为很怕被他们翻脸。

像音乐老师那种一脸不耐烦的表情，简直就是我的噩梦。

后来，我换了一个同桌。

这个同桌是个非常个性的女孩。

她说话从来不会去顾忌别人的感受，总是自带锋芒。

比如，她搬过来的第一句话就是对我说："你那么畏畏缩缩干什么，怕个球啊，难道别人还会打你吗？"

有人再无底限地找我帮忙，她替我出头："滚，她没时间。"

我班有个男生当时声音正处于变声期，很难听，她毫不顾忌地当着众人的面："某某，你就不能闭上你的嘴吗？你声音这么难听，像鸭子叫。"

还有个女生当时满脸青春痘，她也毫不顾忌当着众人的面："某某，你每天不洗脸的吗？你脸上的痘子真丑。"

后来，她一个星期没来上学。

听说，是被几个女生堵在学校外面的巷子里揍了一顿。

她再来学校，就变得沉默了许多。

我们后来交谈过这个事情。

她说，她并没有看见是哪些人揍的她，因为他们一上来就先用布蒙住了她的头。

她觉得很有可能是那个被她取笑过青春痘的女孩，或者是声音像鸭子叫的男孩，或者是其他人，或者是他们全部。

毕竟，被她的锋芒刺伤过的人太多。

他们每一个人，都可能对她进行报复。

[真正的锋芒，不会招致如此多的恶意]

以前，我以为，一个人敢于激怒他人，那他一定是锋芒毕露的人。

像手中握着的刀一样，刀刃轻轻一划，就可以给别人伤口。

所谓的锋芒，就应该是锋利。

那些具备锋芒的人，他们一出口就直奔对方的弱点而去，不给对方留下几次重击绝不会罢手。

他们说话从不会顾及别人的感受，看起来相当勇敢和洒脱。

当时十多岁还很年轻的我，总是情不自禁太过于顾及别人的感受，所以活得相当不自由。

而那些锋利的人，他们往往和我完全相反。

一度，我曾经非常羡慕他们的这种个性。

直到，我那位同桌被打。

她努力地睁开还有些青肿的眼睛怀疑地看着周围的每一个人，那怀疑的眼神令我感触颇深。

我开始觉得真正的锋芒不应该是这个样子的。

真正的锋芒，应该不会给自己招致如此多的恶意。

但是，什么是真正的锋芒呢？当时幼稚的我，虽然努力思索，却仍然没有找到答案。

后来，我遇到了一位老师。

这个老师有个习惯，每节课前总会抽几个同学回答问题，以复习上节课所学的内容。

不知为什么，他老是会抽我。

我很厌恶被他所抽。

虽然问题的答案我都知道，但站在众人面前回答还是让我浑身不舒服。

后来有一次，我去办公室交作业，正好看到他在，于是我鼓起勇气去质问了他。

他一愣，随即用略带沙哑的声音微笑地说："因为你老是不说话，我就觉得你很神秘，我很想知道你真正的想法。"

他说得相当坦然。

这个老师，他上课几乎从不骂人，也从来没使用过什么侮辱性的词汇，更不会故意去刺激一个人，揭露他们的弱点。

但是，他给人的感觉，却是自带锋芒的。

比如，课堂上有人讲话，他会直截了当地说："我非常不喜欢上我的课时，有人破坏纪律，如果你们还要讲，我只好请你们出去。"

班上有几个弹劾老师的好手，故意对他讲课的方法提出质疑，他一脸平静："我不认为我的讲课方式在现阶段是不恰当的，你们如果要质疑，也请提出几个具有说服力的理由。现在的这几个理由在我看来实在太弱了。"

我想，原来是这样。

在这个老师的身上，我开始初步理解到什么是真正的锋芒。

[真正的锋芒，必然自带三分温柔]

总有一些人，他们是这样理解锋芒的：

锋芒就是咄咄逼人。

锋芒就是说脏话。

锋芒就是骂骂骂。

锋芒就是贬低别人，抬高自己。

锋芒就是哪壶不开提哪壶。

锋芒就是精准地刺中别人的弱点。

其实，那不叫锋芒，那叫犀利，或者叫锋利。

如果说锋利的人是手握一把刀对准别人的话，那拥有锋芒的人，他们的刀并不是对着任何一个人的。

他们的刀是藏在他们的心中，和自身融为一体的。

而且他们的刀也并不锋利，不会割破他人，使人流血受伤，但会很牢固地保护他们自己，不会被他人所伤。

这把刀，就是他们的原则。

他们一般不会主动出手去刺痛别人的弱点，也不会因太过于顾及别人的感受而使自己受伤。

他们既尊重自己，也尊重别人。

锋利的人，往往在刺伤别人的同时，也为自己招致了和伤害同等的恶意。

物理学的这条定律：力的作用是相互的。其实，也适用于很多场景。

你用刀划伤了别人，别人在痛的同时，也就产生了想要让你痛回来的欲望。

这欲望累积，就变成了恶意。

你习惯于伤害他人，就是在为自己累积恶意。

当他人的恶意累积到一定的程度，很可能便会使你遭受到同等的伤害。

所以，从某种意义上来说，他伤，也就是在自伤。

锋利的人，将刀刃对准别人。而拥有锋芒的人，将刀刃隐藏在胸中。软弱的人，手中心中均无刀刃。

以前我玩游戏，有个经典游戏叫帝国时代。

教我玩游戏的男生很奇怪："你为什么总是不喜欢出手去打别人呢？你要去侵略别国，才能获得土地和资源。"

其实，不是我不喜欢去打别人。

而是如果我在条件不成熟的时候就派出了我的兵，那我的国土就空了，这时，就很容易遭受到别人的侵略。

你在出力打别人的同时，也就意味着你被别人袭击的危险大大上升。

解决的方法只有一个：壮大自己的兵力，然后才谈侵略。

我的经验是，坚守国土的兵力要比派出侵略的兵力更为强大。只有如此，你才能保全自己。只有保全自己，才更有可能继续战斗。

你一下子就拿出全部兵力去面对外界了，胸口空空荡荡没一点保留，那也就意味着，你的国土是空的。你随时处于危险之中。

真正的锋芒，是胸中留有大批的兵力，而只拿一部分兵力来应付外界。

所以拥有真正锋芒的人，绝不会表现得咄咄逼人。

因为只拿出一部分的兵力，所以他们不会自带攻击属性。

从外表上看起来，他们很可能反而是温和的。

因为不会老是去刺伤别人，所以，他们一般不会为自己累积恶意。

而如果有人企图来伤害他们，他们也绝不会允许被人所伤。

锋芒，就是以淡然的态度坚持自己的原则。

真正的锋芒，必然自带三分温柔。

给他人留点空间，给自己也留点余地

一日漫游在大街上，前面走着一位身材曼妙的女郎，那背影太精致：浓密的卷发披肩，细细的腰肢一扭一扭，给人一种弱柳扶风的娇美，纤纤细步异常优雅，真是天上掉下个林妹妹。

总跟在后面走心里极不甘，一种抢睹芳容的冲动，使我忘却了绅士风度，竟直接挤上前，借机近距离将那尤物全方位扫视一番。“我的天”，差点没大叫出声！一张苦瓜版的脸，那皮肤就如黄土高坡，粗糙、褶皱，嘴巴歪歪的，五官被蹩脚的造化师弄走了形。

前后形象天壤之别，令我倍受打击，一时的兴致荡然无存，非常懊恼不该抢到前面看得太清楚，假如留点距离，记忆中还会常浮现那个曼妙的身影，无聊中还会有丝甜美的遐想。

这不禁让我想起一个故事。

曾有个台湾文化名人，正值年轻浪漫时邂逅北平一清纯如水的女孩，仅有回眸一笑之缘，可惹得青年春心荡漾，无奈青年得跟随组织匆匆奔赴台湾，一去四十年，曾经风度翩翩的少年已是年过花甲的名望绅士。

岁月的沧桑如影随形，可绅士一直孑然一身，自然会让好心的亲朋好友牵挂，在一次次为他张罗婚事被婉拒后，亲朋缠住他探问究竟，他终于陶醉地讲出与他忠诚几十年的那个回眸一笑的清纯女子的偶遇。

媒体朋友于是奔赴北京到处寻找那尘封的美女，好了却老人的心愿。记者终于在一个破旧的胡同里的寒碜的四合院中找到了当年的姑娘——如今的老奶奶，她满脸皱成一个经霜的茄子，坐在冬日的太阳下嗑着瓜子，吐一地瓜子壳，时不时用皱巴巴的手揩鼻涕，之后在墙上擦手，对着追追打打的小孙子粗鲁地叫骂。

当友人把拍的录像带回台湾给老先生看时，老先生不想再见到这幅图景，之后很快在台湾相亲成家。坚守了四十多年的美好竟在片刻间化为乌有，不仅是失落与伤感，恐怕给我们更多的是启迪。

周朴园一直怀念年轻美貌、善解人意的侍萍，可当活着的成了老妈子的侍萍就站在他面前时，他突然发怒。很多人认为周朴园虚伪，其实是审美的落差。柏拉图似的爱情真的很美，原因是没有太切肤的接触，心存美好，留有距离，在若即若离中牵人魂魄，留有回味。

生活中其实有太多这样的失望。曾经我们总说关系好的朋友是亲密无间的那种境界，其实等我们真的到了无间的地步，却发现彼此再也没有了一丝新奇，敬意也从我们的心地消失。

朋友也好，情人也好，夫妻也好，相处时要想有长久的回味，就不要一味地“亲密无间”，而是过一种“亲密有间”的生活。中国画里有一种叫“留白”的手法，就是在画幅上给我们的视觉留有空白，给我们充分想象的空间。

翠翠孤零零地守在风雪古渡口的结尾，勾得一代代读者魂牵梦绕，让我们对翠翠牵挂不已，心头总会升起一抹淡淡的忧伤。这就是留白的悬念。

生活亦是门艺术，需要我们有所留白。我们来时孤单，去时孤单，注定一生都是孤单，平时给他人留点空间，也给自己留点余地，人事方面保持一米红线，带来的可能就是万丈阳光。

别太把自己当回事儿

世界上不可能有十全十美的人，我们每个人都应该正确认识自己，认识自己的优势和劣势、所长和所短。别把自己太当回事，懂得低调处世，我们就能获得一片广阔的天地，成就一份完美的事业，更重要的是，我们能赢得一个蕴涵厚重、丰富充沛的人生。

小刘因为工作的变动，到了一个全新的部门，这个部门似乎没有以前的职位风光，没有以前的地位显赫，于是他总是担心别人会有什么其他的想法："怎么回事，是不是犯了错误、腐败了而下来了？"虽然是正常的工作调动，而且也是自己一直希望的，但还是担心别人会说些什么，于是待在家中好久也不想出门。

有一天在大街上，遇到一个熟人，问他："你不做老总啦？调到哪儿去了？"小刘说："不做了，调北京办事处去了。"他说："好呀，祝贺你呀！"小刘笑笑："有时间去玩呀。"然后作别。但是心里总有一种淡淡的感觉，害怕熟人是在笑话他。

过了不久，恰巧在某处又碰到了那位熟人，他说："听说你不做老总了，调哪儿去了呢？"小刘觉得你这人怎么这样，这么不在意人，不是同你说过了吗？但最后还是淡淡地说："我调北京办事处去了，有时间去玩。"他好像一下恍然大悟："对了对了，你说过的，对不起呀对不起呀，我忘了。"听了他这话，小刘心里突然清朗起来，好像一下子悟出什么来。是呀，自己整天担心别人说什么，整天把自己当回事，而别人早把自己忘了。于是，照旧同原来一样，同朋友们一起喝酒聊天，大家依然是那样的热情，依然是那样的真诚和开心。

其实，所有的不堪和烦恼，只是自己杯弓蛇影的自恋和自虐而已，所有的担心和疑惑，全是自己的原因。在别人的心中，自己并不是那么重要的呀！

生活中常常碰到的许多事，比如：说了什么不得体的话，被他人误会了什么，遇到了什么尴尬的事，等等，大可不必耿耿于怀，更不必揪住所有人做解释，因为事情一旦过去，没有人还有耐心去理会曾经的一句闲话、一个小的过失和疏忽。你念念不忘，说不定别人早已忘记了，不要太把自己当回事了，反过来我们也可以问问自己，别人的一次失误或尴尬，真的会总在你的心头挥之不去，让你时时惦念吗？你对别人的衣食住行真的就是那么关心，甚至超过关心自己吗？

人生中有那么多事，每个人自己的事都处理不完，没有多少人还会去关心与自己不太相关的事情，只要你不对别人造成什么伤害，只要不是损害了别人的什么利益，没有什么人会对你的失误或尴尬太在意。也许第二天太阳升起的时候，别人什么事都没有了，只有自己还在耿耿于怀。记得某个文学大家写过这样的话："亲戚或余悲，他人亦已歌，死去何所道，托体同山阿。"想想也是，在你还沉浸在悲伤之中时，别人早已踏歌而去了。所以你要明白，在别人的心中，你没有那么重要。

千万不要做一个自己没有实力却怪别人没眼光的人。如果你现在正在什么地方受了冷落，不要怨气冲冲，你应该记住，你是个普通人，没有人会太在意你。

真实地呈现自己的人生

假期到了，众人戏谑开启“朋友圈摄影大赛”，而我们知道，生活的真实面目并不是一张加了滤镜的照片所能体现出来的，对吗？

在很多人的幻想中，杂志社的编辑们十指不沾阳春水，拿着高薪，看看电影谈谈天，穿着最新款的衣服就等于把活儿干了。

事实上，至少在我这份工作中，出版之前的忙乱与疯狂，是很多人难以想象的——偶尔我会说“累得像条狗”，用词略有些激烈，却真的是我们某个时刻的状态写照。

有积极阳光，有正面励志，有平淡如水，有疲惫不堪……我们的生活里，这几种状态总是循环往复，轮流上演。

这是再正常不过的事情，而我，哪怕在烦乱不堪的时候，也只爱它最真实的这一面。

可随着进入网络分享的高调时代之后，人们的生活渐渐被“美化”，好像是有了一种自动PS的功能。

我们看到的别人的世界，都是经过PS的；

我们甚至也会在PS过后，再告诉别人：我是这样生活的。

这种PS，有时候甚至会成为一种自我标榜，一种得意扬扬的自我宣扬，一种盲目的自以为是。

我喜欢喝茶，我喜欢读书，我喜欢做自己喜欢的一些小事儿，可是有时候我发现，在一次次强调我喜欢的东西时，我也会带有一种奇特的优越感，仿佛我坚持的、我喜欢的就是对的、就是好的——这是多么可笑的念头啊。

明明，每个人有自己的爱好与坚持。

所以有时，当我有意无意中感觉到有人在标榜自己的生活方式和爱好的时候，我会在心中触动一个开关：离TA远一点。

年纪尚轻的时候，也许会不自觉地跟着沉迷于他们所标榜的“幸福状态”，成长后却觉得这是一种不成熟的甚至是很无聊的自我标榜，由此可能带来的是自己心中虚妄的优越感，进而引起的就是比较——比较是多么幼稚的事情啊，因为我喜欢看书，所以就觉得你看电影很无聊？

这种比较就像是一个怪圈：因为我是自由人，所以看你们上班族都好可怜；因为我有份工作，看你们全职主妇都好无聊；因为我家里有钱，我可以做全职主妇，看你们工薪族都好屌丝……冤冤相较何时了！

我会尽量离这种特别喜欢自我标榜的人远一点，我更爱那些自由的，随意的人，不矫情，不虚妄，有坚持，甚至有点小偏执，但是不会过度PS自己，那种美化，好多时候就像是皇帝的新衣，真的走近了，真相会丑陋得让旁观者想哭呀。

偶尔，我也会迷惑，仿佛现在这种环境下，我们每个人的力量、影响都被无限制放大了——你发一条微博有好多评论，你发一条微信一呼百应。你的坚持看起来好个性，你的偏执看起来好有趣，再或者，你的生活方式似乎很多人都在羡慕、嫉妒、恨。

可真实情况呢？

我们的工作再好，也有忙得团团转、焦头烂额的时候；我们的婚姻再幸福，也有心生“过不下去了”的崩溃时刻；我们把自己的孩子夸成一朵花儿也没用，每个孩子都不是完美的，夸大他的优点，无视他个性上的短板并不能改变什么——就好像是大家都在用的美颜相机或者美图秀秀，发出来的每个人都容颜如玉、肌肤胜雪，可是真实的自己，只有自己知道。

所以啊，随心所欲地生活，随遇而安地漂泊，我们若是有一天能够不去依靠PS来描述自己的生活，真实地呈现自己，真正地面对自己，自由、随意的快乐就会如影随形吧。

有时，我们需要对这个世界凶狠一点

[1]

有一次，A在酒吧演出完，夜已深，他背着沉重的键盘，疲惫不堪地站在街边打车。

不一会儿，一辆载着人的出租车在他面前停下，师傅问他到哪儿，A说了地址，师傅想了一下说，“走吧。”

其实一点都不顺路，上车后，师傅喊的价也不低。但是想到太晚了，师傅多接一单生意不容易，A没说话，表示理解。待另一个人下车后，师傅开始抱怨，说那边太堵车了。A说：“确实堵车的话，我就下来走几步。”

师傅还是在埋怨，说：“那边本来就很堵，真是个见鬼的地方，干脆开到路口，你自己走上去。”

从路口到A的住处还很远，A背着很重的琴，一晚上的演出让他很疲惫。

A说：“师傅，这个点应该不会堵车了，你先往上开，我背着琴确实不方便，如果确实堵车，我就自己下车走路。”

师傅对A的宽容一点不领情，一直抱怨不停。

A终于忍不住爆发了，变了个语气，厉声责问：“你是要拒载吗？你信不信我马上投诉你？”

师傅说：“你投诉我吧，我不怕。”

A掷地有声地指着他说："你今天非得把老子送到家门口，老子一步路都不走，要不然你一分钱都拿不到，你不信试试看！"

A像变了个人，露出了很痞的江湖模样。这个弹琴的少年以前在县城里经历过太多的打打杀杀。

师傅闭了嘴，一直把他送到了家门口。

[2]

朋友B的咖啡馆生意不错。

一天，来了一群喝醉酒的人，又吵又闹，问有没有特殊服务。

整个咖啡馆变了个氛围，服务员打了招呼却遭到辱骂，拿他们没辙儿。情急之下，打电话叫来老板B。

B是个生意人，一进门赔着笑脸先道歉，说："今天几位哥哥喝醉了，照顾不周，这样吧，今天的单免了，全当交个朋友，时间晚了，哥几个回家休息，怎样？"

那群人说："你这是赶我们走吗？"

B笑着说："不敢，小本生意，希望哥几个理解。"

一人醉醺醺地说："先给我们来瓶白的。"

B说："抱歉，我店没有白酒卖。"

一人举起店里的杯子说："你不给面子是吧？"

B收起了笑脸，问道："你这是要砸我的东西吗？"

有一人说："砸了你又敢怎样？"

"砰"杯子刚落地，B的拳头也砸在了他的头上。

一个服务员关上了门，另一个人报了警。

一场混战很快结束，朋友吃了一点小亏。最后，醉酒闹事的一群人道了歉，赔了损失。

B说，“以和为贵”的道理谁都懂，但有的人是合不来的。这样的客人得罪也罢，他们欺软怕硬，我不动手，他们以后就会得寸进尺，我的兄弟姐妹们也会看扁我。

[3]

C千里迢迢来到南方参加一个考试。

这是一个省级电视台，面向全社会招聘主持人。

笔试、专业测试一路过关斩将，终于走到了最后一轮——面试。

这一路很不容易，向原单位请假、开证明、报名、审核，一千多公里的路来回跑了三趟，历时一个多月，终于走到了最后一关。

所幸的是，前两门成绩都很好，最后一门，即使发挥一般，总成绩加起来也应该胜券在握。

C对自己的面试很满意，我相信也很不错，他的形象以及专业都出类拔萃。但是面试成绩出来，惨不忍睹。

结果出来，全是原电视台几个老主持人得了。C打电话到台里，要求查看面试录像，以及知道具体评分规则。台里却说，不方便公开。

C的脾气上来，说：“这是向社会公平、公正、公开的招考，凭什么不能公开？我要知道我输在哪儿？我才心服口服。”

电视台对C的态度敷衍了事。

后来，C写了举报信到纪委，请求查明此事。两天后，台里的一个办公室主任打电话给他说：“小C同志，这肯定有误会，考试都结束了，你中意哪个节目？干脆我们台聘你吧。”

C不依不饶，弄得那边十分尴尬。

C最后没有去，但他觉得自己出了这口恶气。

[4]

脾气不是盲目的愤怒。

比如别人写了一篇文章，你一看完就大骂“鸡汤害人”！可你不知道这是别人的真实经历。

比如，你看到有人杀狗、吃狗，大骂“丧心病狂，禽兽不如”，可是你不知道，有的地方一直有这样的习俗，一些人也以此谋生。

比如，别人在朋友圈晒个自拍，发表点感触，你的脾气又上来了，心里骂到“晒恩爱，死得快”“贱人就是矫情”。

又比如，你的好脾气总是留给陌生的人，而爱你的家人，多几句唠叨，你就变得很没有耐心。

你从来都有脾气，在那些和你八竿子打不着的事上。而在面对专横无赖、面对刁蛮撒泼，即使和你戚戚相关，你却选择“多一事不如少一事”的逃避。

余华说，当我们凶狠地面对这个世界时，它就变得温文尔雅。

面对那些真正践踏了你人格尊严、真正触碰到了你做人底线的人和事，你是选择在沉默中灭亡，还是爆发？

一心一用，让生活简单下来

徒儿问师父：“师父，为何我想停下来读读书、看看报、养养花，却总是日复一日被琐碎事情的牵绊，难以抽身呢？”

师父笑而不答，指着窗外几只叫喳喳的麻雀，它们正在树上轻盈扑闪着。

“我能像它们该多好啊！自由自在地飞来飞去。”徒儿不由轻叹道。

“其实你也可以。”师父接过徒儿的话说，“试试睡觉的时候睡觉，吃饭的时候吃饭，坐车的时候坐车。你便和它们一般了。”

徒儿甚是疑惑，忙问道：“师父啊，我每天都在吃饭、坐车、睡觉，可有何不同呢？”

“那可问你，你坐车的时候是不是在玩手机？睡觉的时候是不是梦见明天的工作？吃饭的时候是不是在想今天的安排？”师父反问。

“这……”徒儿仔细回想道，“师父，的确是这样的。”

师父微微颔首，不再言语。

“原来，这诸般困惑，诸般苦恼，诸般忧愁，都源于我们一心几用，顾此失彼啊！”徒儿恍然大悟。

其实，我们的一生，常常就是在这种举棋不定或多思多虑中反复度过的，不知不觉中衍生了众多苦恼，滋生了满目离愁，繁衍了不少幽忧。在这种负能量因子的不时干扰下，哪还有生活愉悦感呢？

因此，有这种心理疾病的人，常觉得生活不顺心、工作难开心、读书少快乐，自然而然便会产生各种压力和情绪不安，以至于陷入庸俗忙碌的辗转反侧中不能自拔，最终积淀成沉重的包袱使人喘不过气来。

如此看来，没有心保驾护航的世界，就会导致诚惶诚恐随时来进犯，让人不得安宁、身心疲惫、难有清净。

因而，要想活得更痛快、更真实、更精彩，我们就必须努力地阳光、朝气、勇敢、积极起来，将生命绚丽成灿烂而美丽的闪耀光芒。就像杨绛先生那样，百岁寿诞时依然神采奕奕、精神焕发、神思敏捷。

百岁时她说："我今年一百岁，已经走到了人生的边缘，我无法确知自己还能走多远，寿命是不由自主的，但我很清楚我快'回家'了。"但是，"我得洗净这一百年沾染的污秽回家。我没有'登泰山而小天下'之感，只在自己的小天地里过平静的生活。细想至此，我心静如水，我该平和地迎接每一天，准备回家。"

将每一天做最后一天过，将每一天平静平淡地过，将每一天自然规律地过，生活其实就这么简单。百岁的杨绛先生道出了生活的禅机，日子就是一天天地过，一天重复着一天地过去。而这些所谓的重复，并不是得过且过的一成不变，而是渗透了精神、力量、灵魂、情感等诸多因素，并在"润物细无声"中慢慢发酵、变化。

杨绛先生一生笔耕不辍，高龄也坚持文学创作，近十年来，可谓是硕果累累。

2007年，《走到人生边上——自问自答》出版；2014年，长篇小说《洗澡》的续集《洗澡之后》出版；还有《坐在人生的边上》《魔鬼夜访杨绛》《俭为共德》等十余篇短文佳作问世。何以缘由，让百岁的杨绛先生还能保持这样的创作热情？

或许，百年的人生、百年的光阴、百年的体悟，风景看透后，那些燕归知春晓、荷举闻夏风、叶落晓秋浓、陇头踏遍正是梅香时的自然之美，留给了先生朴实、简单、素净、热烈、优美的生命印象。

正如她说："我们曾如此渴望命运的波澜，到最后才发现：人生最曼妙的风景，竟是内心的淡定与从容……我们曾如此期盼外界的认可，到最后才知道：世界是自己的，与他人毫无关系。"

是的，生活的酸甜苦辣咸，人生的喜怒哀乐愁，桩桩件件都得我们去经历、尝尽、体验，并于此成长、发展、收获、丰满。

守住心内的淡定从容，随缘人生的际遇种种，确信人生的信念、信条。杨绛先生用她对生命的感悟告诉我们，情怀唯有自然，心态学会坦然，胸襟懂得接纳，想法付诸行动，学会做一件事，做好一件事，一生中哪怕做好了一件事，也是丰收、圆美的。

先生智慧、淡定、从容、温暖、内涵，其实先生自认自己平凡。作为普通女性，她一生放弃事业和爱好辅助丈夫钱钟书著书立学、教学育人，她敢于、甘于牺牲小我，成就丈夫的文采斐然和人生辉煌，这是一种奉献美德。然而，先生也有自己的世界，闲暇之余自我快乐地耕种，创作出一片新天地，收获了一茬又一茬的春华秋实。

生命的历经，苦难激发动力、困难指引方向、艰辛开拓力量，凡事顺着心慢慢走下去，我们便能抵达天空之城的广袤蔚蓝中。

知名汉学家叶嘉莹也是这般的女子，如兰暗香来，漫山醉清风。

她一生坎坷、艰辛，经历了离乡背井、牢狱之灾、失业失家、寄人篱下、家庭不和、爱女早失的不幸遭遇，就是在这万般困苦和众多磨难中，叶嘉莹不离不弃地坚持汉学文化研究七十余载，发扬发展了中国古典诗词创作、教学、学术，成就显著，贡献非凡。她还大力"倡导幼、少年学习诵读古典诗词，以提高国民素质"。为中国国学走向更辉煌、更广阔添砖加瓦。

2014年，九十高龄的她回到心心想念的祖国，回到汉学文化的怀抱中。

唐代诗人贺知章《回乡偶书》中说：“少小离家老大回，乡音无改鬓毛衰。”两鬓霜花的叶嘉莹在祖国的怀抱中又开始了新的征程，她努力创作，勤奋耕耘、培育人才，生命花开恰好芬芳时。

百岁老人可以乐观、豁达、坦然、快乐、安静地生活、工作、读书，我们为什么不能呢?

心若敞亮，方向就清晰。心有愉悦，情怀便温暖。心更宁静，世间皆美好，就像雨会下、河会流、鱼会游、水草会摆头那般，我们看山是山，看水是水，看云朵在山水间游弋。美妙无比。

人生，原来简单如许。

顺着心的方向走下去，那便是最温暖的家。简单生活，生活简单，这就是生活的真谛。

自己喜欢，这是所有选择的前提

能给我们带来幸福和快乐的，往往是那些性价比不高的东西。我希望自己能去消费别人眼中性价比低的东西，过上别人眼中性价比低的人生。

[1]

好友群里不知怎么突然聊开了记事本。

一个平时很低调的朋友突然兴奋起来，开始一条条刷屏跟我们讲不同品牌记事本的优劣。

正当我面对一串串闻所未闻的英文品牌名不知该怎么接话时，没事总哭穷的他又发来一张自己的购物截图——800块一个的本子。

800块的本子，从实用角度看，性价比高不高？真的有比8块、80块一本的好上十倍、百倍之多吗？

显然没有。

都说“一分价钱一分货”，但后边还有两句，“1毛价钱2分货，1块价钱3分货。”也就是说品质优上一倍，价格往往要翻上10倍。

800块的本子，无非是封面和纸张的质感更好一些，设计更精美、更人性化一些，也许还更环保一些。但每多一个“一些”，价格往往就要翻倍。

我们不谈什么品牌附加价值，也不说为什么会这样，那该是另一篇文章了。只简单说说在这种价格体系的现实下，具有相同消费能力的人，为什么有些舍得去消费一些“奢侈品”，而有些却不舍得。

[2]

以前写过一篇探讨物品价格与价值的文章，出乎意料地受欢迎。发出后在简书收到了很多留言，最让我哭笑不得的有两条：

“买东西时，看到价格我就会估算会用这东西多久，然后计算每次大概多少钱。”

“便宜的不经用，价格高的经用，买性价比高的即可。”

我以前也是这种过度追求“性价比”的实用主义消费思维。所以写那篇文章时一直在剖析自己，进行反省，也反复强调要看重价值多于价格。可没想到还是有人理解成了我是在鼓励追求“性价比”。

又要搬出“毒舌”的王尔德了，他说：“一个愤世嫉俗的人知道所有东西的价格，却不知道任何东西的价值。”

王尔德所说的“价值”绝不是“性价比”里的“性能”。他是在讽刺过于看重价格的行为。而追求性价比所聚焦的不就是价格匹配得上性能，甚至超越性能?

我所说的价值，也是很主观、很“唯心”，既非简单的使用价值、耐用性和使用寿命，更不是品牌价值，而是源自内心的喜爱，这件物品对于自己的独特意义。

就像800块钱的记事本对于那个嗜本的朋友。因为热爱，所以去追求极致，追求完美。

简单普通的水杯就可以满足使用需求，但一个有着设计感和精美手绘图案的水杯售价却往往高出数倍。它们的使用价值包括使用寿命差别不大，但是后者凝结了设计师、手绘师的审美和劳动，会让喜爱的人心情愉悦。

喜欢香奈儿的品牌意义和设计，给自己买上一款在别人看来性价比低的包。拥有它，也许更多拥有的是一种对自己生活态度的展示和认可。

……

过度追求物质，容易让我们变成物质的奴隶；但是过度追求性价比，却也很容易让我们忘记美，忘记热爱。时刻不应忘记，物质一定是为人服务的。

[3]

写到这里，突然想起不久前看到过的一篇文章。

文章的作者用性价比高的护肤品，而比她收入低的姑娘却用着Sisley乳液，代价是牺牲自己的居住条件，与人合租在500元一个月的陋室；作者毕业几年后给自己攒下了房子首付，而另一位原本拥有一小笔财富的姑娘，却在毕业后几年间将钱财挥霍殆尽，后悔莫及。

作者说："不必被经典的广告、高级的忽悠而支付过多的溢价价值，商人的洗脑、情怀的绑架不能定义你爱自己的方式。"

诚然，作者批判的两个姑娘的做法确实不值得提倡，凡事应该量力而行。但是过分注重性价比，又何尝不是被另一种实用消费主义洗脑？

我们一直在接收着各种外来的价值观，跟自己脑中固有想法合拍的，就认为真理；跟自己相悖的，就去抵制，甚至认为是恶意洗脑。再用自己的价值观，粗暴地、"政治正确地"去定义别人的行为，认为这不值得。这是怎样一种狭隘啊。

我们接收着不同的价值观，但是接受什么到自己的价值体系，到底还是由自己决定的。

文中用来做反面教材的两个姑娘毕竟只是少数比较极端的。大多数情况下，我们却是在中间左右摇摆：既会偶尔冲动小小奢侈一把，然后或真或假地喊着要剁手，又会经常舍不得花钱，精打细算地过日子。

其实，往往也正是那些把“消费”当“浪费”有罪恶感的人最容易冲动购物，一时脑热买下过后嫌贵也不合适的东西；又在浪费的罪恶感驱动下，看到打折就囤下一堆划算却用不着的东西。

我特别认可一个心理咨询师朋友的咨询理念：认得清自己，付得起代价。

钱是为人服务的。是选择更昂贵的化妆品，还是更舒适的居住环境；是享受当下，去环游世界，甚至酒肉人生，还是攒钱付首付，后果毕竟都是由自己承担的。自己觉得开心，这钱就花得有意义，或者功利点说，花得值。如此，你认为性价比低的东西，也许恰恰正是别人眼中性价比高的东西。

在艰难的生活中，偶尔放弃世俗的性价比，为着一些美好，为一份热爱去买单，这也是宠爱自己、对抗虚无人生的一种方式。

[4]

世界上最著名的短篇小说之一《麦琪的礼物》里，妻子卖掉自己美丽的头发，给丈夫买了表链；丈夫却卖掉自己的金表，为妻子换来一套美丽的发梳。

对于一对贫穷的夫妻，难道不该把钱用来做性价比更高的事情吗？换取面包，总比换取可有可无的发梳和表链实用得多。

但他们却为了爱选择为对方购买“奢侈”的物品，感动了彼此，也感动了无数读到这个故事的人。我觉得结局恰恰因这种巧妙的缺憾而完美。

几十块的包、几万块的包，无非都是装东西。从实用性上来看，奢侈品算得上是公认的性价比比较低的商品。

但是诞生奢侈品品牌最多的几个国家，也恰恰是文化和艺术最发达的国家，比如法国和意大利。当有人愿意去因为艺术、因为热爱、为美，为性价比低的东西去买单，是一个多么美好的社会。

因为，人类不只需要面包，也需要水仙花。

[5]

人生又何尝不是这样？在“功利主义”和“实用主义”的“洗脑”下，我们最容易选择“性价比高”的人生。

大概很多人小时候都写过言不由衷的崇高理想。

长大以后想当什么？科学家，医生，老师……很少有人会说理发师，修理工这些体力劳动和手工劳动的职业。

为什么？这样的职业和人生性价比实在不高呀，在这个社会的底层，收入低，得不到更多的尊重。我们其实从小就在被“洗脑”去选择一个性价比更高的人生。

我上高中时一直想学画画，想考中文系，都被父母以“没前途”否定了；业余学画画、多看课外书吧，又被数落浪费时间和钱，有那个时间不如多做几套题，争取多考几分。

“没前途”换句话说就是你所选择的领域、你将来所从事的职业很难为你带来更多的财富、更好的社会地位，也就是“性价比”不高。

上大学时，很多人参加兴趣社团、上选修课，仅仅是为了修学分。四处打听哪个老师容易过、爱给高分，就报哪个。

毕业后找工作时，也权衡再三，去选择收入最好、说出去最有面子的。

甚至谈恋爱、结婚，我们也要找“经济适用男/女”。

这样的人生步步妥当。若恰巧是自己喜欢的那自然是最好。若不是，那就是牺牲了自己仅有的一生，去追求别人眼中的“性价比”。

我希望自己能去消费别人眼中性价比低的东西，过上别人眼中性价比低的人生。因为我将美和爱纳入，重新定义了“性能”。所以，这恰恰是对我而言性价比高的人生。

不过说到底，钱是不可或缺的东西。

去做自己都尊重的那种人

同朋友聊天，他遇到了难缠之人，自认倒霉又慨叹万千之际说：“我看了北大教师代表给学生的毕业致辞，主题是“做自己尊重的人”，我觉得特别对。”

我一听，几乎跳起来：“对对对！这七个字令我一见倾心，因为它太符合我的心境、想法和思考。”

前几日，看到一篇文章的标题大约是“你那么努力怎么还那么焦虑”，我忍不住笑。至少从我的人生经历而言，许多人的努力，正是源于焦虑。当然，更明确一点说，是对成功的过度渴望，才会让许多人一边努力一边焦虑。

成功，是我们大多数人成长过程中永远都绕不去的坎儿啊。

成功学几乎在我们出生之后就被一再灌输。

小时候我们要比小朋友学习好、吃饭多、才艺棒才是成功；长大了我们得考进好大学、找到好工作、谈个好恋爱才算是成功；再大一些，我们得升职快、赚钱多、有前途有人脉才是成功……我们从小就被灌输各种各样成功的标准和范例。

成功就像是一个怪物，给我们制造越来越多的欲望与幻梦，至于那是否是我们想要的，好像并没有人在意，甚至我们自己也不是那么在意。

因为成功是世俗的概念，只要世俗社会认可，你就是成功了；只要世俗社会不认可，你就是失败的。

看起来很残酷，可是我们一直在这样的环境里成长，早就熟悉了这样的判断标准，不是吗？

因为工作的关系，我最近看了些点石数码创始人邓博弘的故事。

这当然是一个成功者的故事。

他出生在好的家庭，又聪明、有能力，年轻时替父亲经营工厂很成功，后来对动漫产生兴趣就跳进了这个行业，熬夜学习、疯狂钻研，从一个门外汉做成了国内顶尖的特效公司……

创业成功功成名就的人有很多，他对我的触动很大，因为这是我认为的真正的成功者。

当时我想，当他回味自己的过往，并没有因为家境优渥就养尊处优，而是遇到了自己真正感兴趣的事情，又倾尽所有去努力，曾经这样拼搏过的自己，怎么不值得尊重呢？

而至于结果，此时已经不那么重要啊。

作为普通人的我们，私下里是有许多焦虑与犹豫的。

前些年，我动辄就会想，我是否应该放弃自己的喜好与兴趣，跳槽去一个更光鲜亮丽的行业，去实现人生的成功？

可是想一想，又算了。因为我怕自己会后悔。

我怕把自己的兴趣和热爱饲养了“成功”这个怪物之后，它会吞噬我更多，我的时间、空间、自我，我怕最后我会变成一个饲养成功而存在的人，而不是我自己。

当然，这样的过程反复过很多次，偶尔你会听说昔日的朋友腰缠万贯，又或者从前的同事成了企业高管，尽管长大后父母尽可能少提“别人家的孩子”，可是我们每个人心中自有万斤重担，会自己去做对比，不是吗？

而每次做对比，心中就会起涟漪：我到底该怎么做才会成功？我是不是应该去追求成功……

后来居然就想通了。

经过了时间的锻造和内心的煎熬，真正认识到了自己的喜好与兴趣，也真正明白了到底自己想要的是什么样的生活。

到最后，有了自己判断成功的唯一标准，我要成为一个自己会喜欢会尊重的人。

我想，这是一种最深层的自我认可。

不喜欢懒惰拖沓的人，那就去成为一个勤奋努力的人；

很鄙视偷奸耍滑的人，那就把正直诚恳作为自己的原则；

厌恶斤斤计较、蝇营狗苟的人，那就让自己大气一些，不贪图小便宜，不做自己会厌恶的事情；

看不惯长舌妇与搬弄是非的人，那遇到类似的事情就绕开走，不要让自己也成为其中之一。

一个真正付出了努力与汗水，一个不勉强做自己所不齿的事情的人，一个尽可能去追求更好的自己的人，成为了自己尊重的人，这就是最大的成功。

一个人在年迈无力的时候，若是想到自己曾经蹉跎过的岁月、曾经辜负过的时光、曾经逃避付出的责任与努力，会否是最大的痛苦？

许多东西可能得未曾有，但是成为自己尊重的人却是可以通过努力能做到的。

不过是做到自己的最极致，不过是摒弃自己不喜欢的东西，不过是拒绝成为自己鄙视的人。

我曾很焦虑地想，以我现在的平凡普通，以后怎样让我的孩子以我为傲呢？

几年之后，我周遭的环境几乎没有什么变化，我依然在被人喊日薄西山的传媒，依然住在不大的房子，依然在买玩具时紧张地看价格标签……可是，我的焦虑早就无影无踪。

因为作为妈妈，我教给他的是，找到自己的兴趣爱好，热爱自己所做的工作，遇到困难要去解决，遇到挫折不要轻易放弃，相信这个世界的美好，但是也要原谅不完美……

到最后，我会慢慢引导他，去成为一个自己尊重的人，而这，是我能给他最宝贵的财富，也是他幸福感与成就感的巨大来源。像我一样。

成功到底是要用什么样的标准来判断呢？这个还真是难说。

此时腰缠万贯，也许几年后又浪荡街头，这样的传奇在世界上并不少见；今日的呼风唤雨，也许不久后门可罗雀，权势的更迭交替古往今来也并不少见……

大约，每个人对于自己的认可程度，才是成功的唯一标准吧。

在每一个夜深人静的时刻，心中是踏实畅快、自豪淡定，而不是悔恨、愧疚、懊悔、难过，就是真正的成功了吧？

愿我们能够成为自己尊重的人。

带着颜色去生活

与几位好友们有一个共识，大家对一个人最高的评价是，“这是一个很有意思，很精彩的人”。

大家以这个标准，来判断一个人是否值得成为朋友，是否应该长期交往。这里的“有意思”，用英语说就是Interesting，不过这个词的内涵远远不只是“有意思”。

所谓有意思的人，应该是代表某种思想、某种判断、某种激情的人，这个人应该是聪明的、可爱的、有趣的。他/她可以是老师、学生、商人、政客、军人、出租司机或任何职业。这个人独特的经历造就着他/她的丰富。每次你和他/她在一起的时候，都能得到一些新的想法和角度。也许是你和他/她截然相反的观点能碰撞出一些火花，也许是被他/她的幽默启发出了那么一点儿灵感。

在耶鲁读书的时候也注意到，这也是一个在美国，特别是知识阶层很多人都认同的一个标准或说法。反过来的说法你一定听过，批评一个人最狠的一句就是，你这个人真没意思／无聊。

不光朋友之间，男女之间我以为也是这样。

男女之间，韶华总会溜走，激情总会变淡，最终能维持两个人一路走下去的，还是要看彼此对对方的兴趣。对方人性/智慧/经历使然的魅力，才会让你多少年后面对“白发+皱纹”的他/她，依然会有怦然心动感觉。

人与人是这样，对事情的判断也许也应该是这样。

耶鲁法学院有几个即将拿到法学博士的学生告诉我，他们准备一毕业就到中国来生活两年，学习中文、了解文化，也许再工作点儿什么挣点儿钱，再四处游历一下。以他们的学历在纽约华盛顿找一个年薪十几万美金的工作易如反掌，为什么偏偏要做这样的选择呢？

他们的回答非常简单："中国现在这么让世界关注，到中国生活两年，学会中文，会是一件非常有意思的事"。我说："那你不挣那几十万美金的高年薪了？"回答是："钱，以后有的是机会挣，趁年轻的时候，要让自己高高兴兴地做一些最有意思的事。"

他们的这种想法和做法在他们的同龄人中很普遍。同样是耶鲁法学院毕业的克林顿当年也是选择跑到英国去连读书带玩了一两年。

而我们中国的年轻人呢？似乎不少是大学一毕业就攒钱、找父母要钱、借钱买房子，然后把自己变成了一个不敢冒险、小心谨慎、天天想着供房供车的人，成就了几个富豪榜上的地产商，却失去了年轻人该有的朝气和勇气和随之而来的各种机会和可能性。

在发达国家，几乎没有大学一毕业就买房的情况，一般都是到了三四十岁事业有成之后才会考虑买房子这事。我们是还不够自信，还是太缺少安全感了？

要不然就是胆子特别大的，被媒体上天天热炒的暴富明星们弄得浑身发热、蠢蠢欲动，一毕业就要"创业"，咬牙切齿要成为下一个比尔·盖茨、陈天桥。

当然，地产蒸蒸日上，年轻人疯狂创业，中国的GDP也跟着涨几个点。但这几个点的机会成本是，我们少了很多很多有意思的中国人，有意思的事也会变得越来越少。我们本来可以更和谐的社会也就多了很多遗憾。

我们这代人对如何活得有意思的思考，远远不及对活得有意义的思考，因为我们是在一个缺少选择的社会环境中长大的。

因此，也就不太在意个人是否喜欢，除非实在受不了，或者被人淘汰，否则一定是头悬梁、锥刺股、愚公移山、胯下受辱地坚持下去，最后，或者守得云开见日，或者郁郁寡欢不得志。

相反，有意思的事应该同有意义的事不一样，首先它应该不是功利的。比如，20世纪90年代山东潍坊一个农民，迷上了造飞机，把全家的积蓄花光，用了两个北京吉普的发动机，硬把一个飞机送上60米高空飞了一圈。

最后，这位农民飞机制造者死于一次试飞中，死后还给家人欠了一笔债，因为他的飞机掉在邻村一个猪圈里，砸死一口老母猪，人家要他老婆赔。

他活着的时候，电视台曾采访他，他面对镜头的笑让我心动，那绝不是五十多岁中国男人那种局促、不自然、点到为止和皮笑肉不笑的笑，而是顽皮、天真、天马行空、毫无拘束孩子般的笑！我笑不出来他那种笑。

前段时间，在电视上看到四川乐山出了一个“飞人”，那是一个已经六十多岁的、20世纪60年代的大学毕业生。五十多岁时他突发奇想，要玩滑翔伞。

没钱买，自己做，他的滑翔伞被当地人称为“大风筝”。经过几年艰苦卓绝的试验，这个“怪人”居然用他的大风筝从乐山最高的山飞下来。后来同外国爱好者一起比赛，他的“大风筝”和自学成才的飞伞技术把外国飞伞者吓了一大跳；外国的伞也让他开了天眼！

于是，他离了婚，卖掉房子，买了一把外国伞，对着电视机说，他要把中国大山都飞遍！只不过最后一个镜头，让我感到他有点不太有意思了—他在山顶要飞之前大声喊着：“我要飞！我要让世界的目光集中在东方！”

我想他在做伞和鼻青脸肿学飞时，一定不是要让世界看着他，只不过是着迷于斯罢了；可惜，一上镜头，这代中国人活得有意义的惯性又起作用了。

活得有意思和活得有意义有时也不是泾渭分明。人不能完全脱俗，别人的掌声会让有意思的事变得更有意思。

上面这两个人为赢得掌声的目的应该是排在自己觉得有意思之后，但是我不觉得有意思的事就得是造飞机、造风筝这样普通人可能无法完成的事，能把普通生活活出乐趣的人也是很有意思的人。

我在澳大利亚有一对朋友，去年75岁的丈夫，给71岁妻子的圣诞礼物是一辆二手本地产的敞篷跑车。

我们去他们家串门，做了一辈子护士的老太太迫不及待地打开车房，让我们欣赏她那辆有款有型的黑色大玩具。她兴奋地说："现在孙子们特别愿意来，第一件事就是让奶奶带他们兜风。"

带着大墨镜、太阳帽的奶奶就把音响开得震天响，轮番带着孙子们满街跑。我问老头："怎么想起买这么个礼物？"

老头说："今年圣诞前，我问她想要什么。她说要跑车。我去车行转，正好有这辆，就给她买来了。"我说："你先生一定特别爱你，你真幸福！"老太太冲我俏皮地哼了一声，不置可否。

她那位做了一辈子银行经理、老实巴交的先生好像有点内疚似的跟我说："她从18岁时就想拥有一辆跑车。结婚后我们连生四个孩子，再加上股票投资失败，直到现在才有能力圆她这个梦！"

原来老太太年轻时是个美人，又出生在伦敦一户有钱人家，18岁时被这个曾当过飞行员的小伙子迷住，冒着家庭的反对跟他跑到非洲，之后又移民到澳大利亚，过了一辈子紧紧巴巴的中产阶级生活。我问老太太："你这一辈子是不是特有意思？"

老太太眼神愣了一下，然后若有所思地说："有什么意思？这就是生活。但现在我觉得很有意思。”可不是嘛，即使是看惯了特立独行的澳大利亚人，也感到她现在挺有意思的。

后来我又见到了那对澳洲老夫妻。先生前一天查出前列腺癌，次日我去看他，老两口一人手里拿一杯葡萄酒正大喝呢，他俩是这样对我说的：“我们这个岁数的人该有事了。”

一个有意思的人肯定拥有一个良好的心态，不偏激、不愤俗，然后知道自己想要什么样的生活，不被别人的眼光和标准所左右，也许好多人说有意思的人总是活在自己的世界，我们很难懂他们，其实不然，真正有意思的都是和这个社会碰撞甚至妥协之后的产物，它带来的结果是，除了你自己，你的周围都会弥漫的惊喜和愉悦。像那位老太太说的，这有什么意思，这就是生活。

请千万别舍弃了你的有趣

“我就是想不通，他到底为什么喜欢她，不喜欢我……”茉莉小姐擦掉一滴颤巍巍欲坠的眼泪，狠狠地咬了一口手中的马卡龙，“我真宁愿他最后选择的是个比我强的人，至少让我输得心服口服啊。现在这算什么？算他瞎了眼还是她走了狗屎运？”

我们看着她的愤愤不平，会心一瞥，想起她倒追男神三年未果的苦恋，如今被他人一朝轻轻松松摘了去的不甘和失落，便立刻宽容了她那不饶人的刻薄。

茉莉小姐恶毒地伸出纤纤玉指，“那女生大概有这么高”，她指指自己的肩膀，“大概有这么壮”，她比划出两倍的腰围。“满脸都是双下巴！长得一点也不美，也没觉得有多聪明伶俐，”她白眼三连翻得像是背过气去，“连王国维是清代人都不知道，还以为是跟周国平一个年代的人，真是贻笑大方。”

她痛快地吐槽一通得出结论：“这个女生跟他在一起，肯定是那种卑躬屈膝、俯首帖耳、逆来顺受的类型，所以鲜花才总是插在牛粪上。”

“所以啊……你也要赶快去找自己的牛粪。”我打趣她。

“我才不屑跟那些人在一起呢，”茉莉小姐嫌恶地撇撇嘴，“整天就知道讨论工作、吃喝玩乐和球赛游戏，我喜欢的人一定要有深度，可以谈人生谈未来、谈文学的灵魂伴侣。”她眨一眨明亮的杏仁眼，“每天跟公司那些男的一个桌上吃饭，听他们聊天，我都自己在玩手机，他们一个小时聊天的资讯还没我刷十分钟‘知乎’获得的长进多。”

抛开失恋之后突如其来的刻薄和怨毒不算，茉莉小姐确实是个内外兼修的优秀美人，就凭她化完妆活像年轻时候的邱淑贞的模样，和一双大长腿、一副马甲线就足以胜过绝大多数的同性，偏偏好皮囊下生了一副玲珑心，自学着两门外语、会插花、懂茶艺、好读书，又没有公主病和玻璃心。

我看着她袅袅婷婷消失在暮色中的背影，都觉得有点遗憾，果然爱情这东西全凭感觉，跟个人是否优秀根本无关。

见到茉莉小姐的“情敌”，则是在朋友力邀的一次登山活动中。在车上的时候我正好坐在她前面，出于好奇忍不住偷偷回头多看了几眼，虽不像茉莉小姐描述的那么面如无盐，可绝对也是个掉进人堆就找不到的姑娘。

她并不是那种活跃又热情的自来熟，在发起人要求大家自我介绍的时候甚至有一点腼腆，也并不是那种心细如发、体贴入微的性格，车子刚刚开动她就发现忘记了带水壶，伸手去接邻座递来的纸巾时也毫无意外地狠狠碰撞了男神的头。

我有一点点理解了茉莉小姐的不甘心，脑海中全是她的大白眼“至少让我输得心服口服啊……”

车上的人很快开始热络起来聊天，最初永远是女同胞在聊八卦，某位歌手吸毒、某位影星公布恋爱、谁谁谁爱了谁谁谁，一会儿变成男人们在讨论球赛，某位明星某个赛季更看好谁。都是茉莉小姐最不屑一顾的“浅薄”话题，那姑娘却聊得饶有趣味，看得出并不是某个领域行家，却能适时地蹦出一点冷幽默让讲话的人不必冷场。

当我们都爬得筋疲力尽的时候，路过一条小溪，她欢呼一声连蹦带跳地跑过去，一步没站稳立刻绊了一个姿势毫不优美的趔趄，然后回头对着他不好意思地扮个鬼脸，蹲在小溪边一边撩着水一边哼着歌。我立刻脑补出茉莉小姐那一贯优雅从容的身姿，和她对大街上拉着手蹦跳的中学女生那句评价“幼稚，一点都不端庄”。

那姑娘抬起头来的时候，大家都一乐，她不知从哪里拾到了几粒红透的枫叶种子，撕开贴在了鼻子上，配上她折叠成牛角状的青灰色帽子和故意做出的凶狠表情，远看上去像极了牛魔王。

烧烤时她像男人一样随意地蹲着，一边帮忙点火，一边笑嘻嘻地回过头跟别人聊着世界十大马桶的排名，那笑脸在阳光下近乎透明，莫名其妙地，就让人忽然有一种感受到生命力的感觉，澎湃又简单，愉悦又轻松。

这样的感觉是茉莉小姐不会让人有的，她永远都正襟危坐，永远都挂着标准笑容、维持着优雅的身姿，永远都不会蹲在溪边玩水，喜欢讨论的是黑泽明的电影、阿西莫夫的科幻和黄碧华的小说，她从来不屑俯就那些吃喝拉撒睡的世俗话题，也从未恶搞过自己去娱乐任何人。

秋日的月亮让人觉得美，接地气的烤红薯却让人觉得快乐。

真心话大冒险的时间，有人问男神：“说说你为什么喜欢某某。”男神毫不犹豫地回答：“因为她是个有趣的人，跟她在一起，不会压抑，也不会觉得无聊。”

姑娘在一边羞红了脸揶揄他：“这样啊，我还以为是你觉得我美呢。”

引起一片善意地哄笑：“你美，有趣的姑娘最美丽。”

你有没有觉得，有趣要比优秀更难？

做个优秀的人要靠着一股拼劲、一腔好强和一副好头脑，而做一个有趣的人，却需要一副赤子般的热心肠。

我们生活的这个世界，可能为你的优秀而略微屈服，却从不会因为你的赤子心肠让出一条路来，所以带上盔甲永远比坦诚待人容易，相信和接纳永远都比怀疑与拒绝更困难。

你从来被教导要去做个优秀的人，要内外兼修、要腹有诗书、要仪态万方，可从没有人教过你，要去做一个有趣的人和如何去做一个有趣的人，将这无趣的世界活成自己的游乐场。

我曾经在少年宫的门外见过一个少年，看上去不过十五六岁年龄，背着小提琴包的身影挺拔得像是小白杨，可皱着眉头的神情像是个看穿红尘、万念俱灰的老头，远处的草地上两只小狗在撒欢打闹，十分憨态可掬，他停下脚步站在那儿看着，飞快而短暂地笑了一下，露出一点年轻人的朝气，一瞬间笑容敛去，又像是怕被什么东西抓住一般低下头匆匆赶路。

他长大以后，应该会成为一个很优秀的人吧，我猜，世人眼光中有才多金的青年才俊。可是大概，他永远也不会成为那个有趣的人吧。像茉莉小姐一样，优秀着、无趣着、孤独着，在寻找另外一个优秀而无聊的灵魂。

他们大多半的生命力，都早已耗尽在每天维持成熟、优秀的外在和与懒散、幼稚内心的死磕搏斗中，没有余力爱自己，也没有能力将自己的生命力打通流动给他人。

你可以努力，可以严肃，可以内向，可以以一千一万种方式做个优秀的人，但是请千万不要舍弃自己的有趣。

对一切未知报以好奇，对一切不同持以尊重。去接纳并且喜欢自己，不再遮掩任何欢愉、尴尬、羞涩与失落，去做一些接地气的事情，让自己用心去喜悦，而不是表情。然后用你澎湃的生命力去唤醒另一个人。

你只有成为一个有趣的人，才能遇到另一个有趣的人。

因为有趣，就是人生中最高程度的优秀啊。

对全世界都温柔以待

“如果你越来越冷漠，你以为你变得强大了，其实没有，内心强大就应该变得温柔，对全世界都温柔。生活中只有一种英雄主义，就是在认清生活真相之后，依旧热爱生活。”

内心强大的女子不光是生活的智者，也往往是职场的精英，她的眼中只有就事论事，没有个人的飞短流长，不靠谱的人固然多做不靠谱的事，但自己靠谱自然就能避免与不靠谱的人产生利益纠葛。

去改变别人永远不如改变自己来得实惠，不是为了谁要变得更好，而是变得更好了以后才会遇见谁。

而在这种改变的过程中，我们会渐渐了解到温柔对于女人的意义，路或许还有很长，温柔的你却已经拥有了一往直前的力量。

年轻时的自己总是喜欢用激烈的情绪表达爱恨喜怒，说好听点是任性，说白了就是蠢，蠢到把犯贱当真爱，把不负责任当个性。

父母一再提醒全被自作聪明的自己当成耳旁风，总以为全世界都应该原谅青春年少，长大后才发现，世界根本不认识我是谁，看了一个角就以为是远方了，连眼前苟且着的生活都过得不堪。

屡战屡败后，我亲妈说：“本事不大，脾气就不要太大，不然满世界皆你后妈。你先试试尽心去做好一件事，过程中少说话或者不说话。”

我妈一生温柔，从不用激烈的情绪表达愤怒或是不满，但谁没有想不开或是挺不住的时候?

偶尔问起，她回答：

“对不相干的人不应该愤怒，不会好好说话，总看别人不顺眼是自己缺失教养，对亲近的人则需更加温和有礼，如果对外讲究，对自己人却放肆，才是做人的损失。”

生活中太多在家当大爷，在外却当孙子的人，说起来都是“身不由己”，却让最亲、最爱的人看到自己最丑陋的脸和脾气。

我们总以为会被亲人和爱人原谅，却从来没想过是伤口就都会留下疤痕，每每看起每每黯然，再宽厚的心也很难了无痕迹。

慢慢地我又走到了一个略显尴尬的年龄，不再那么年轻了却还是觉得没有足够成长和坚强，往前走，路漫漫，偶尔找不到了方向、压力山大的时候甚至一想未来就睡不好觉。

但我还是相信，有野心就去努力，有爱心就去信任，在我跌倒了还能爬起来的时候，越是尴尬就越是要面对，越是不堪就越是要挣扎。

不断失望就再找新希望，独自忍耐痛苦做好手边能把握的事情，不放弃自己想过的生活，才会慢慢摆脱焦虑与困扰，就算不美好的日子也能保持体面与微笑了。

这个时候的我才终于懂得了温柔，母亲生活的年代一定要比我坎坷得多，她从不言殇，总是云淡风轻的模样，原来我童年时代的温暖记忆一定也是拼尽了母亲的全力。

责任容不得我矫情、抱怨，我终于学会在不同年龄段调整生活的重心和梦想的坐标，选择最适合自己的生活方式，把自己过成无可取代的样子。

过得好当下的人，是不需要忧虑未来的，当温柔已经成为了一种处事的能力，女人的才华才能尽显华彩。

控制情绪让自己能够好好说话，不计较眼前的得失，遇到事情先沉默思考再做决定，而解决问题永远比逃避更能让我们摆脱痛苦、快速复原。又因为性情越来越柔软，日子越来越简单，我有了更多空余的时间享受生活的美好和情感的温暖。

你想要看看自己最丑陋的样子，那就在愤怒过后、吵闹过后、嫉妒过后、哭泣之后照照镜子，那里会有一张扭曲变形的脸和一颗贪婪胆怯的心，没有人会喜欢你的那副样子，再爱你的人久了也会心生厌倦。

我为琐事烦恼也有吃不下、睡不好的时候，第二天照镜子简直就是触目惊心，自己都开始讨厌自己。所以我学会为了颜值也要控制情绪，为了活着的体面也要挺住不哭泣，为了自己的腔调也会咽下不诉说。

如今即便是在爱我的男人面前，我也绝不会让他看到我不漂亮的样子，于是慢慢地和颜悦色，渐渐地温柔有加，很少再被激怒，用发脾气小题大做。这就成了我生活的常态，一直好好说话，一直柔声细语，我终于觉得自己像妈妈了。

偶尔不快我也会尽快调整，他回家陪我，我已经化了淡妆、换了裙子坐在咖啡馆等他了。我说："高兴的时候在家里等你，不高兴的时候就在咖啡馆里等你。"

我时时刻刻都要活得漂亮一点，那样我身边的人也会觉得幸福和安心，这不就是最好的回报吗？他是那么的爱我。

温柔是这世间最优秀的品质与修养之一，如果我们不能对亲人和颜、对爱人悦色、对朋友体谅、对老幼遵爱、对鳏寡孤独予以关注照顾，我们就都欠缺完整的人格。

生活中很多时候我们都在独行，沉默不是孤独而是种修养，即便做不到喜怒不形于色，也应该保持适当的柔软和安静，以便感受人世的鸟语花香和万家灯火，还有爱情划过灵魂时所留下的永恒感动。

这个世界从来不缺少抱怨，却唯独稀缺如金子般能够照亮灵魂的沉默，以便让爱自己这件事深刻起来，带着我们走过人生的那些阴霾雨季。生活中只有一种英雄主义，就是在认清生活真相之后，依旧热爱生活。

我们成不了伟人、当不了英雄，但可以用温柔去成全“我本善良”这一句最平实的人性表白。如果你越来越冷漠，你以为你是变得强大了，其实没有，内心强大就应该变得温柔，对全世界都温柔。

你有多强大，就有多温柔。

没有经过命运搏杀的温柔只是天真，真正的温柔是女人的一种处世能力，真正的强大是女人的一种生活热情，闪烁着纯真而坚韧的光，并且永无磨灭。

让自己有辨识度一点

上学的时候，老师和家长都只会教育孩子："要谦虚，要朴素，不要骄傲，不要标新立异。一旦你有什么想法，父母就会说：别的孩子都很听话，你哪里来的那些乱七八糟的想法。"结果长大了，发现那些就不好好穿校服的孩子，成了知名设计师；那些特别有主意，特立独行的小孩，成了总裁、CEO。

难道真的坏孩子比乖孩子更优秀、更有出息吗？

与其说，个性张扬的坏孩子比循规蹈矩的乖小孩，更容易成功，不如说，是因为张扬的人，更容易展示自己，有着更强的辨识度。没有辨识度的年轻人，常常会遇到这样的境遇。工作了很多年，可是升职加薪的时候都不会优先考虑他。朋友圈非常狭窄，有很强的社交障碍，很难拓展自己的交际圈。就算获得了一点成绩，也不太自信，对自我的评判价值很低，远远低过于他的能力。

这体现了国内教育当中缺失非常严重的一个环节，过于强调规矩、规则、谦虚、听话，而没有人教育孩子，除了成绩，一个人最重要的是想清楚自己——到底可以拿什么来和别人较量？

如果你回答不了这个问题，一旦面对竞争的时候，没有辨识度的人，战斗值就特别低。一个人要想让自己能够获得和自己能力相匹配的人生，一定要学会找到自己的辨识度。

辨识度是一个人懂得经营自己的开始。

[形象上的辨识度]

朋友lancy长得清秀、知性，但衣着特别随便，上班半年还是延续大学时代的牛仔裤、球鞋。她很苦恼，为什么领导似乎总是对她有意见，即便她已经非常努力。

我跟lancy说："人是很难忘记对别人的第一印象，你现在还是穿着牛仔裤、球鞋，这种穿着就会让领导判断你是一个——不成熟、任性、不值得信任的小孩。"

很多优秀的职场人，起初都会穿着让自己显得更成熟的衣着，不是他们自己喜欢，而是成熟干练的套装，它会让你看起来更专业、更值得信赖。在这个基础之上，你再去找到那些可以展现你的魅力和个性的配饰。

很多人说，这是一个很专业的概念，我请不起专业的团队来为我打造，等我有钱了再说吧。其实，一个人，在初入职场的时候，遵循几个简单的原则就好了。

第一，穿得有质感一点，不需要很时髦，但一定要合身、得体。

第二，身上一定要有一样东西是贵的，也许是一只手表，也许是一双鞋，也许是一对珍珠耳环，也许是一支大牌口红，也许是闻起来很高贵的香水，它会让你看起来贵很多。

第三，选择一个颜色或某一种款式经常穿。我就认识一个朋友，她衣柜里都是"白衬衣+黑裤子+金色配饰"，久而久之，朋友们看到这种着装就会想到她。

具体示范案例可以参考《欢乐颂》《离婚律师》《傲骨贤妻》，虽然都是套装为主，但女主角的着装风格还是各有不同，有人喜欢用丝巾、有人喜欢戴首饰，找到属于你的那个标签化风格很重要。

[沟通上的辨识度：越害怕沟通，越没人帮你]

辨识度的作用是更快地让别人了解你、喜欢上你、记住你、愿意帮你。

因为，即便你是一个很有想法、很有内涵的人，你不去表达、不去争取，别人是不知道你很优秀的！

我就见过一个真实的例子。两个同学A和B，同时在一个行业的不同两家公司，另一个一年就已经成为了小主管，年薪翻倍。

A跟我说，她能够快速提升的原因就是，她回主管的邮件永远不会超过十分钟。她从来不会把问题抛给主管，都会主动在邮件里尽量把她能想到的解决方法写出来，让上级来选择。

而且她看很多最新的专业书籍，总是会在邮件里用上最新的理论、最新的专业词汇，让领导觉得从她身上常常也能学到新的东西。

而B总是惧怕犯错，害怕和上级交流，主管让她做什么，她就做什么，从来不主动去提出自己的想法和建议。久而久之，领导也就觉得，这个人可有可无，只能做很基础的事。

我问A："难道你不怕犯错吗？不怕被指责吗？"她说："我当然也害怕，可能够很快改正错误、不断提升、刷新领导对你的认知，就是一种辨识度。"

所以，A总是能遇到帮助她成长的上司，而B总是在抱怨老板不够体谅她。

如果你自认为自己做了很多努力，有过很多成绩，但没有人记得你，那就真的要反省，是不是你也像B那样，没能让人记住你做过什么。

[社交辨识度：你为什么总是把天聊死]

很多人会问："难道社交上也有辨识度吗？"

当然。

看看如今当红的明星，一定是有一些标签是能被人记住的。比如薛之谦，唱了这么多年的情歌，因为会写段子，结果一炮而红，成了最会写段子的歌手。

比如十二一直追的《我们来了》，每一个女明星都有自己的特色，像摄影师江一燕，穿着高跟鞋，拿着很重的相机，蹲着给大家拍美美的照片，很多人都会因此记住她。

再比如我们每天看朋友圈，你会发现那些很会经营自己的人，大家提起他们的时候，都会说："她跑马拉松可厉害了。""她是摄影达人。""她是育儿达人。""她是美食家，找她推荐餐厅准没错。""她永远都在分享最有价值的书。"

这些特长和标签，就是一个人在社交上非常厉害的辨识度。他们很容易就拥有一个滋养自己的社交圈子，而且成为小圈子里的红人。

这样的人，即使和不是经常见面的朋友，大家见面也能很快找到话题，因为大家可以通过朋友圈了解他。甚至是领导，有共同关心的内容时，也会主动来和他们讨论。

可有些人的状态，你实在看不懂，他的情绪变化无常，完全不知道他在意什么、关心什么、喜欢做什么。

所以不要以为兴趣、爱好、专长，必须要发展成职业，才能是幸福。它其实是区别你和其他人到底有什么不同的利器！

否则你凭什么被人记住、被人需要、被人赞扬。

社交上的辨识度，是帮助你迅速找到同类的最佳方式，彼此也能很快进入更深的交往关系当中。

否则，两个人很可能在“嗯”“好的”“是啊”，这样的对话中，把天聊死了。

形象、沟通、社交，这其实是构建一个人这一生幸运度的三个维度。

不要羡慕别人为什么总是那么好运，他们其实在这三个方面，更早地领悟到一个道理：

世界上优秀的人那么多，大家都很忙，你当然可以慢慢等待其他人发现你有多好。可或许，这个过程中的孤独、冷漠、委屈、无奈早就击垮了你。

等不及去展现自己的优秀，你就已经被负面情绪拍死在了沙滩上。

[能被人记住，就是一种能力]

所以，成为一个有辨识度的人，绝不是为了别人，恰恰是为了自己。

因为，在成长的路上，如果我们能够通过努力，赢得更多一点的鼓励和支持，那么，为什么不呢？

否则，你很可能走着走着，渐渐就忘记了——你是一个值得拥有更好生活的人。

辨识度不是伪造，不是假装。

它只是让我们自己完成了那个雕琢自己的过程，而不是被动等待某一个机会来成就自己。

毕竟，这一生，说长也长，说短也短，十年时间弹指一挥间。

其实你并不用太合群

[1]

学生时代，每个班级都会有那么几个人，人缘好到爆，不管去哪儿都能拉上一群人，班级活动，他们永远是最活跃的。

他们性格开朗，能说会道，可以和老师称兄道弟，可以和同学勾肩搭背。酒桌上，懂得说漂亮的敬酒词；活动上，懂得如何活跃气氛。

他们似乎认识很多人，很多人也认识他们，他们总能在路上和形形色色的、我见过没见过的人热情地打招呼。他们似乎有接不完的电话、回不完的信息。

我曾经特别渴望成为他们这种人，和周围的人打成一片，照顾身边每一个人的情绪，对所有的求助都会回应，即使遭受误解也能一笑而过，跟所有人都有话聊，不把喜怒伤悲表现在脸上。

我羡慕他们的八面玲珑，我羡慕他们的“滥好人”。我想，他们是不会孤独的吧，他们不会找不到人一起吃饭，他们生病不会找不到人陪，他们遇到困难不会找不到人帮忙，他们节假日不会有“不知道去哪儿”的惆怅……

[2]

于是，我也试图做一个这样的人，讨好身边的每一个人，努力迎合别人的期待，活跃在课堂上、聚会上，尽力解决身边人的大事小事。

为了在她们聊天时我能插上一两句话，看她们看的小说，追她们追的韩剧、综艺，我以为这是存在感。

舍友去逛街、去游乐场需要陪伴，我都会放下手中的事情，舍命相陪，我以为这是讲义气。酒桌上学会察言观色、强颜欢笑、推杯换盏，我以为这是攒人脉。

别人指着你的痛处、短板打趣，只能尴尬地附和着，连生气的勇气都没有，因为怕别人说我开不起玩笑。

别人玩某一款游戏、吃某一种零食、买哪一类衣服，我也要跟着，因为怕别人说我不懂潮流。明明笑话不好笑，我也要跟着哈哈大笑，因为怕别人说我笑点高扫大家的兴。

宁可牺牲自己，也要对他人友善，换来所谓的好人缘。身边的确开始围绕一些人，有人陪着吃喝玩乐，有人陪着上课、下课，可是却没有一个能说心里话的。

有些事藏在心里是莫大的委屈，话到嘴边又觉得无足挂齿、不值一提。每到夜深人静的时候，孤独感依然无孔不入。

原来努力合群的我一点都不快乐。

[3]

那天看到余华写的一段话：

“我不再装模作样地拥有很多朋友，而是回到孤单之中，以真正的我开始了独自的生活。有时我也会因为寂寞，而难以忍受空虚的折磨，但我宁愿以这样的方式来维护自己的自尊，也不愿以耻辱为代价去换取那种表面的朋友。”

我终于明白，消耗大量时间、精力换来的“你人真好”，这样的群，合而无用，只是在浪费生命罢了。

人脉从来不是靠酒桌上的故意迎合、说大话而来的，志同道合的朋友都是吸引来的。丰富自己比取悦别人更重要。

不要去追一匹马，用追马的时间种草，待到春暖花开时，就会有一批骏马任你挑选。

融入不了别人没什么，不合群也不可怕，可怕的是没有自己的想法，人云亦云，随波逐流。鲁迅说：“牛羊才成群结队，猛兽都是独行。”

又何尝不是这样呢？孤独从来不会毁了一个人，更多的人因孤独而优秀。

苏东坡是孤独的，所以才有了后来的“大江东去”的千古名作；司马迁是孤独的，所以才有了 “史家之绝唱，无韵之离骚”之称的《史记》；爱因斯坦是孤独的，所以才有了相对论的产生……

[4]

当我不再为了合群而合群，不再为了迎合别人而委屈自己，不再为了陪伴别人而牺牲自己，我有了更多的时间做自己喜欢的事情，看书、写作、旅行，一切都按照自己的节奏进行。

我发现这样不合群的自己反而更充实、更快乐。

我不在意她们异样的眼光，我不在意她们活动不叫我，每个人都有选择自己生活的权利，每个人都有适合自己的生活频率，只是恰好我的频率跟她们不一样。

岩井俊二说：

“以前想要的，现在全都不想要了。要是三年前你问我想成为什么样的人， 我一定不假思索地说，我想成为与所有人都能打成一片的人。要是你今天再问我同一个题，我肯定说，我还是维持现在清高冷傲的现状就好了。这样没有人来打扰我，省掉了许多麻烦。唯一需要克服的，就是得耐得住寂寞。”

我们都是孤独的行路人，与星辰做伴，与虫鸟相依，只有凭借自己的力量走过一段又一段漆黑的路，度过一段又一段连自己都会被感动的日子，你才会拥有柳暗花明的豁达与乐观。

当我独自走了很长一段路后，回过头看那些踏过的深深浅浅的足迹，每一步都扎实有力，而那些我曾经无数次想融入却没融入的圈子早已被我甩在了后面，迎接我的是更好的自己、更大的舞台。

就像《生活大爆炸》里面说的：

“或许你在学校格格不入，或许你在学校最矮、最胖，或许你没有任何朋友，但其实都无所谓。那些你独自一人度过的时间，比如组装电脑或者练习大提琴，会让你变得更加有趣。等到有一天，别人终于注意到你的时候，他们会发现一个比他们想象中更酷的人。”

其实，不合群的你真的很酷。